당신도 이번에 반드시 합격합니다!

100% 상세한 해설

1개년 과년도

소방설비기사

전기❶-1 필기

2023년 과년도 출제문제

우석대학교 소방방재학과 교수 공하성

BM (주)도서출판 성안당

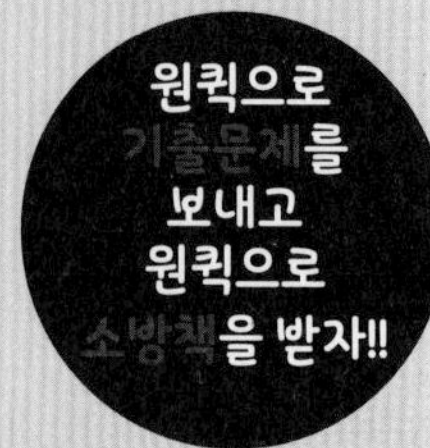

원큇으로 기출문제를 보내고 원큇으로 소방책을 받자!!

2024 소방설비산업기사, 소방설비기사 시험을 보신 후 기출문제를 재구성하여 성안당 출판사에 10문제 이상 보내주신 분에게 공하성 교수님의 소방시리즈 책 중 한 권을 무료로 보내드립니다(단, 5문제 이상 보내주신 분은 정가 35,000원 이하 책 증정).

독자 여러분들이 보내주신 재구성한 기출문제는 보다 더 나은 책을 만드는 데 큰 도움이 됩니다.

이메일 coh@cyber.co.kr(최옥현) | ※ 메일을 보내실 때 성함, 연락처, 주소를 꼭 기재해 주시기 바랍니다.

- 무료로 제공되는 책은 독자분께서 보내주신 기출문제를 공하성 교수님이 검토 후 보내드립니다.
- 책 무료 증정은 조기에 마감될 수 있습니다.

자문위원

김귀주 강동대학교
김만규 부산경상대학교
김현우 경민대학교
류창수 대구보건대학교
배익수 부산경상대학교
송용선 목원대학교
이장원 서정대학교
이종화 호남대학교
이해평 강원대학교
정기성 원광대학교
최영상 대구보건대학교
한석우 국제대학교
황상균 경북전문대학교

※ 가나다 순

더 좋은 책을 만들기 위한 노력이 지금도 계속되고 있습니다. 이 책에 대하여 자문위원으로 활동해 주실 훌륭한 교수님을 모십니다.

도서 A/S 안내

성안당에서 발행하는 모든 도서는 저자와 출판사, 그리고 독자가 함께 만들어 나갑니다.

좋은 책을 펴내기 위해 많은 노력을 기울이고 있습니다. 혹시라도 내용상의 오류나 오탈자 등이 발견되면 "좋은 책은 나라의 보배"로서 우리 모두가 함께 만들어 간다는 마음으로 연락주시기 바랍니다. 수정 보완하여 더 나은 책이 되도록 최선을 다하겠습니다.

성안당은 늘 독자 여러분들의 소중한 의견을 기다리고 있습니다. 좋은 의견을 보내주시는 분께는 성안당 쇼핑몰의 포인트(3,000포인트)를 적립해 드립니다.

잘못 만들어진 책이나 부록 등이 파손된 경우에는 교환해 드립니다.

저자 문의 : http://pf.kakao.com/_TZKbxj
Daum cafe.daum.net/firepass
NAVER cafe.naver.com/fireleader

본서 기획자 e-mail : coh@cyber.co.kr(최옥현)

홈페이지 : http://www.cyber.co.kr 전화 : 031) 950-6300

한국전기설비규정(KEC) 주요내용

2018년 한국전기설비규정(KEC)이 제정되어 2021년부터 시행되었습니다. 이에 이 책은 화재안전기준 및 KEC 규정을 반영하여 개정하였음을 알려드리며, 다음과 같이 KEC 주요내용을 정리하여 안내하오니 참고하시기 바랍니다.

▶ 기존에 사용하던 전원측의 R, S, T, E 대신에 L1, L2, L3, PE 등으로 표시하여 사용
▶ 주회로에 사용하던 기존의 흑, 적, 청, 녹 대신에 L1(갈), L2(흑), L3(회), PE(녹－황)을 사용
▶ 부하측은 A, B, C 또는 U, V, W 등을 사용

❶ 저압범위 확대(KEC 111.1)

전압 구분	현행 기술기준	KEC(변경된 기준)
저압	교류 : 600V 이하 직류 : 750V 이하	**교류 : 1000V 이하 직류 : 1500V 이하**
고압	교류 및 직류 : 7kV 이하	**(현행과 같음)**
특고압	7kV 초과	**(현행과 같음)**

❷ 전선 식별법 국제표준화(KEC 121.2)－국내 규정별 상이한 식별색상의 일원화

상(문자)	현행 기술기준	KEC 식별색상
L1	－	**갈색**
L2	－	**흑색**
L3	－	**회색**
N	－	**청색**
접지/보호도체(PE)	녹색 또는 녹황 교차	**녹색－노란색 교차**

❸ 종별 접지설계방식 폐지(KEC 140)

접지대상	현행 접지방식	KEC 접지방식
(특)고압설비	1종 : 접지저항 10Ω 이하	**• 계통접지 : TN, TT, IT 계통 • 보호접지 : 등전위본딩 등 • 피뢰시스템접지**
400V 미만	3종 : 접지저항 100Ω 이하	
400V 이상	특3종 : 접지저항 10Ω 이하	
변압기	2종 : (계산요함)	**변압기 중성점 접지로 명칭 변경**

• 계통접지 : 전력계통의 이상현상에 대비하여 대지와 계통을 접지
• 보호접지 : 감전보호를 목적으로 기기의 한 점 이상을 접지
• 피뢰시스템접지 : 뇌격전류를 안전하게 대지로 방류하기 위한 접지

머리말

God loves you, and has a wonderful plan for you.

안녕하십니까?

우석대학교 소방방재학과 교수 공하성입니다.

지난 29년간 보내주신 독자 여러분의 아낌없는 찬사에 진심으로 감사드립니다.

앞으로도 변함없는 성원을 부탁드리며, 여러분들의 성원에 힘입어 항상 더 좋은 책으로 거듭나겠습니다.

본 책의 특징은 학원 강의를 듣듯 정말 자세하게 설명해 놓았다는 것입니다.

시험의 기출문제를 분석해 보면 문제은행식으로 과년도 문제가 매년 거듭 출제되고 있음을 알 수 있습니다. 그러므로 과년도 문제만 충실히 풀어보아도 쉽게 합격할 수 있을 것입니다.

그런데, 2004년 5월 29일부터 소방관련 법령이 전면 개정됨으로써 "소방관계법규"는 2005년부터 신법에 맞게 새로운 문제들이 출제되고 있습니다.

본 서는 여기에 중점을 두어 국내 최다의 과년도 문제와 신법에 맞는 출제 가능한 문제들을 최대한 많이 수록하였습니다.

또한, 각 문제마다 아래와 같이 중요도를 표시하였습니다.

별표 없는 것	출제빈도 10%	★	출제빈도 30%
★★	출제빈도 70%	★★★	출제빈도 90%

그리고 해답의 근거를 다음과 같이 약자로 표기하여 신뢰성을 높였습니다.

- **기본법** : 소방기본법
- **기본령** : 소방기본법 시행령
- **기본규칙** : 소방기본법 시행규칙
- **소방시설법** : 소방시설 설치 및 관리에 관한 법률
- **소방시설법 시행령** : 소방시설 설치 및 관리에 관한 법률 시행령
- **소방시설법 시행규칙** : 소방시설 설치 및 관리에 관한 법률 시행규칙
- **화재예방법** : 화재의 예방 및 안전관리에 관한 법률
- **화재예방법 시행령** : 화재의 예방 및 안전관리에 관한 법률 시행령
- **화재예방법 시행규칙** : 화재의 예방 및 안전관리에 관한 법률 시행규칙
- **공사업법** : 소방시설공사업법
- **공사업령** : 소방시설공사업법 시행령
- **공사업규칙** : 소방시설공사업법 시행규칙
- **위험물법** : 위험물안전관리법
- **위험물령** : 위험물안전관리법 시행령
- **위험물규칙** : 위험물안전관리법 시행규칙
- **건축령** : 건축법 시행령
- **위험물기준** : 위험물안전관리에 관한 세부기준
- **피난 · 방화구조** : 건축물의 피난 · 방화구조 등의 기준에 관한 규칙

본 책에는 잘못된 부분이 있을 수 있으며, 잘못된 부분에 대해서는 발견 즉시 카페(cafe.daum.net/firepass, cafe.naver.com/fireleader)에 올리도록 하고, 새로운 책이 나올 때마다 늘 수정 · 보완하도록 하겠습니다.

이 책의 집필에 도움을 준 이종화 · 안재천 교수님, 임수란님에게 고마움을 표합니다.

끝으로 이 책에 대한 모든 영광을 그 분께 돌려 드립니다.

공하성 올림

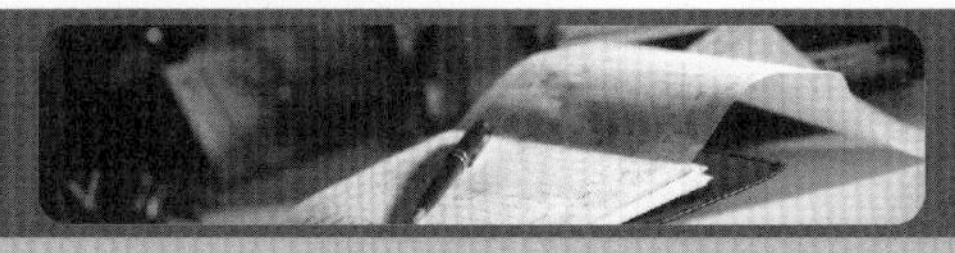

출제경향분석

소방설비기사 필기(전기분야) 출제경향분석

제1과목 소방원론

항목	비율
1. 화재의 성격과 원인 및 피해	9.1% (2문제)
2. 연소의 이론	16.8% (4문제)
3. 건축물의 화재성상	10.8% (2문제)
4. 불 및 연기의 이동과 특성	8.4% (1문제)
5. 물질의 화재위험	12.8% (3문제)
6. 건축물의 내화성상	11.4% (2문제)
7. 건축물의 방화 및 안전계획	5.1% (1문제)
8. 방화안전관리	6.4% (1문제)
9. 소화이론	6.4% (1문제)
10. 소화약제	12.8% (3문제)

제2과목 소방전기일반

항목	비율
1. 직류회로	19.9% (4문제)
2. 정전계	4.8% (1문제)
3. 자기	13.4% (2문제)
4. 교류회로	31.2% (6문제)
5. 비정현파 교류	1.1% (1문제)
6. 과도현상	1.1% (1문제)
7. 자동제어	10.8% (2문제)
8. 유도전동기	17.7% (3문제)

제3과목 소방관계법규

항목	비율
1. 소방기본법령	20% (4문제)
2. 소방시설 설치 및 관리에 관한 법령 / 화재의 예방 및 안전관리에 관한 법령	35% (7문제)
3. 소방시설공사업법령	30% (6문제)
4. 위험물안전관리법령	15% (3문제)

제4과목 소방전기시설의 구조 및 원리

항목	비율
1. 자동화재 탐지설비	22% (5문제)
2. 자동화재 속보설비	6% (1문제)
3. 비상경보설비 및 비상방송설비	15% (3문제)
4. 누전경보기	8% (2문제)
5. 가스누설경보기	3% (1문제)
6. 유도등 · 유도표지 및 비상조명등	18% (4문제)
7. 비상콘센트설비	6% (1문제)
8. 무선통신 보조설비	10% (2문제)
9. 피난기구	6% (1문제)
10. 간선설비 · 예비전원설비	6% (1문제)

CONTENTS

과년도 기출문제

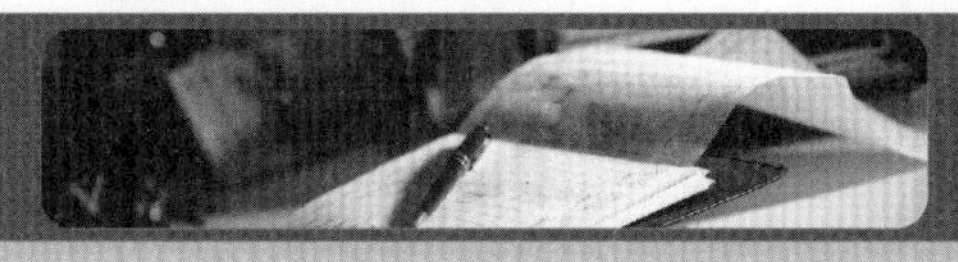

책선정시유의사항

첫째 저자의 지명도를 보고 선택할 것
(저자가 책의 모든 내용을 집필하기 때문)

둘째 문제에 대한 100% 상세한 해설이 있는지 확인할 것
(해설이 없을 경우 문제 이해에 어려움이 있음)

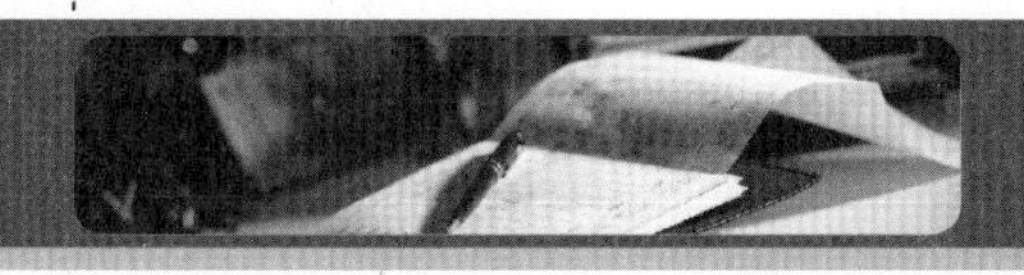

이 책의 공부방법

소방설비기사 필기(전기분야)의 가장 효율적인 공부방법을 소개합니다. 이 책으로 이대로만 공부하면 반드시 한 번에 합격할 수 있습니다.

첫째, 본 책의 출제문제 수를 파악하고, 시험 때까지 3번 정도 반복하여 공부할 수 있도록 1일 공부 분량을 정한다.

둘째, 해설란에 특히 관심을 가지며 부담없이 한 번 정도 읽은 후, 처음부터 차근차근 문제를 풀어 나간다.
(해설을 보며 암기할 사항이 있으면 그것을 다시 한번 보고 여백에 기록한다.)

셋째, 시험 전날에는 책 전체를 한 번 쭉 훑어보며 문제와 답만 체크(check)하며 보도록 한다.
(가능한 한 시험 전날에는 책 전체 내용을 밤을 세우더라도 꼭 점검하기 바란다. 시험 전날 본 문제가 의외로 많이 출제된다.)

넷째, 시험장에 갈 때에도 책은 반드시 지참한다.
(가능한 한 대중교통을 이용하여 시험장으로 향하는 동안에도 책을 계속 본다.)

다섯째, 시험장에 도착해서는 책을 다시 한번 훑어본다.
(마지막 5분까지 최선을 다하면 반드시 한 번에 합격할 수 있다.)

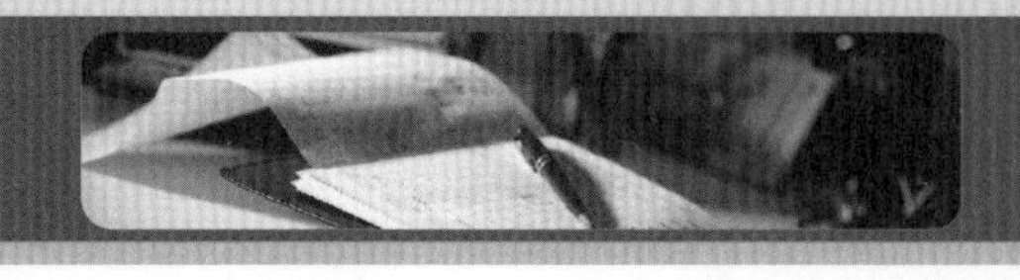

〈과년도 출제문제〉

각 문제마다 중요도를 표시하여 ★이 많은 것은 특별히 주의깊게 볼 수 있도록 하였음!

★★★
08 **자기연소를 일으키는 가연물질로만 짝지어진 것은?**

① 니트로셀룰로오즈, 유황, 등유
② 질산에스테르, 셀룰로이드, 니트로화합물
③ 셀룰로이드, 발연황산, 목탄
④ 질산에스테르, 황린, 염소산칼륨

각 문제마다 100% 상세한 해설을 하고 꼭 알아야 될 사항은 고딕체로 구분하여 표시하였음.

해설 위험물 **제4류 제2석유류**(등유, 경유)의 특성
(1) 성질은 **인화성 액체**이다.
(2) 상온에서 안정하고, 약간의 자극으로는 쉽게 폭발하지 않는다.
(3) 용해하지 않고, **물보다 가볍다**.
(4) 소화방법은 **포말소화**가 좋다.

답 ①

용어에 대한 설명을 첨부하여 문제를 쉽게 이해하여 답안작성이 용이하도록 하였음.

소방력 : 소방기관이 소방업무를 수행하는 데 필요한 인력과 장비

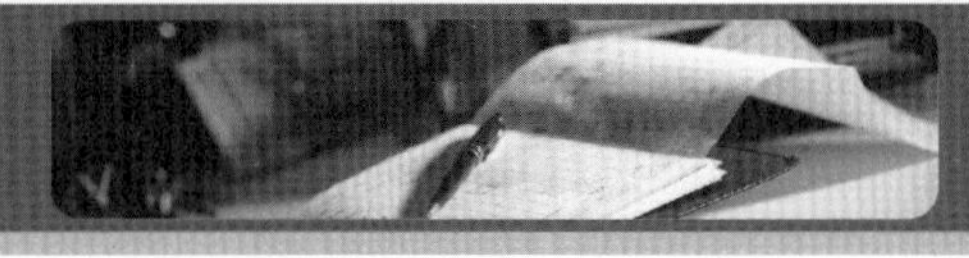

시험안내

소방설비기사 필기(전기분야) 시험내용

1. 필기시험

구 분	내 용
시험 과목	1. 소방원론 2. 소방전기일반 3. 소방관계법규 4. 소방전기시설의 구조 및 원리
출제 문제	과목당 20문제(전체 80문제)
합격 기준	과목당 40점 이상 평균 60점 이상
시험 시간	2시간
문제 유형	객관식(4지선택형)

2. 실기시험

구 분	내 용
시험 과목	소방전기시설 설계 및 시공실무
출제 문제	9~18 문제
합격 기준	60점 이상
시험 시간	3시간
문제 유형	필답형

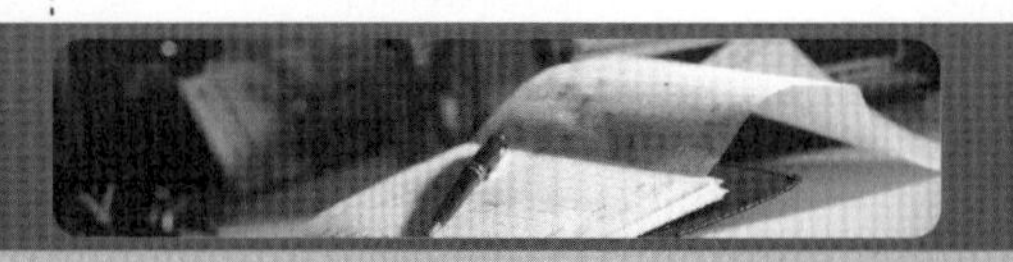

단위환산표

단위환산표(전기분야)

명 칭	기 호	크 기	명 칭	기 호	크 기
테라(tera)	T	10^{12}	피코(pico)	p	10^{-12}
기가(giga)	G	10^{9}	나노(nano)	n	10^{-9}
메가(mega)	M	10^{6}	마이크로(micro)	μ	10^{-6}
킬로(kilo)	k	10^{3}	밀리(milli)	m	10^{-3}
헥토(hecto)	h	10^{2}	센티(centi)	c	10^{-2}
데카(deka)	D	10^{1}	데시(deci)	d	10^{-1}

〈보기〉

- $1km=10^{3}m$
- $1mm=10^{-3}m$
- $1pF=10^{-12}F$
- $1\mu m=10^{-6}m$

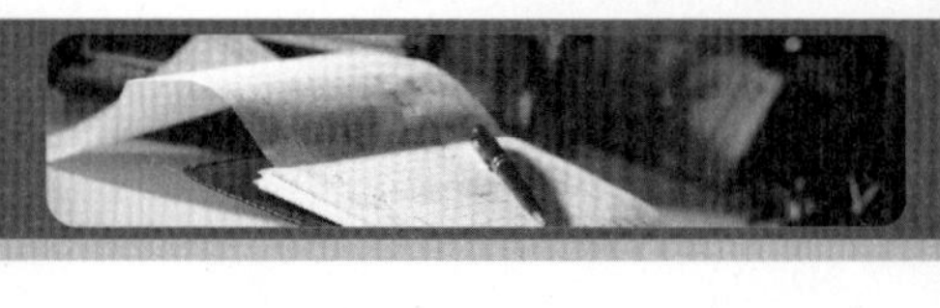

단위읽기표(전기분야)

여러분들이 고민하는 것 중 하나가 단위를 어떻게 읽느냐 하는 것일 듯 합니다. 그 방법을 속시원하게 공개해 드립니다.

(알파벳 순)

단위	단위 읽는법	단위의 의미(물리량)
〔Ah〕	암페어 아워(Ampere hour)	축전지의 용량
〔AT/m〕	암페어 턴 퍼 미터(Ampere Turn per meter)	자계의 세기
〔AT/Wb〕	암페어 턴 퍼 웨버(Ampere Turn per Weber)	자기저항
〔atm〕	에이 티 엠(atmosphere)	기압, 압력
〔AT〕	암페어 턴(Ampere Turn)	기자력
〔A〕	암페어(Ampere)	전류
〔BTU〕	비티유(British Thermal Unit)	열량
〔C/m^2〕	쿨롱 퍼 제곱미터(Coulomb per meter square)	전속밀도
〔cal/g〕	칼로리 퍼 그램(calorie per gram)	융해열, 기화열
〔cal/g℃〕	칼로리 퍼 그램 도씨(calorie per gram degree Celsius)	비열
〔cal〕	칼로리(calorie)	에너지, 일
〔C〕	쿨롱(Coulomb)	전하(전기량)
〔dB/m〕	데시벨 퍼 미터(deciBel per meter)	감쇠정수
〔dyn〕, 〔dyne〕	다인(dyne)	힘
〔erg〕	에르그(erg)	에너지, 일
〔F/m〕	패럿 퍼 미터(Farad per meter)	유전율
〔F〕	패럿(Farad)	정전용량(커패시턴스)
〔gauss〕	가우스(gauss)	자화의 세기
〔g〕	그램(gram)	질량
〔H/m〕	헨리 퍼 미터(Henry per meter)	투자율
〔HP〕	마력(Horse Power)	일률
〔Hz〕	헤르츠(Hertz)	주파수
〔H〕	헨리(Henry)	인덕턴스
〔h〕	아워(hour)	시간
〔J/m^3〕	줄 퍼 세제곱 미터(Joule per meter cubic)	에너지 밀도
〔J〕	줄(Joule)	에너지, 일
〔kg/m^2〕	킬로그램 퍼 제곱미터(kilogram per meter square)	화재하중
〔K〕	케이(Kelvin temperature)	켈빈온도
〔lb〕	파운드(pound)	중량
〔m^{-1}〕	미터 마이너스 일제곱(meter−)	감광계수
〔m/min〕	미터 퍼 미뉴트(meter per minute)	속도
〔m/s〕, 〔m/sec〕	미터 퍼 세컨드(meter per second)	속도
〔m^2〕	제곱미터(meter square)	면적

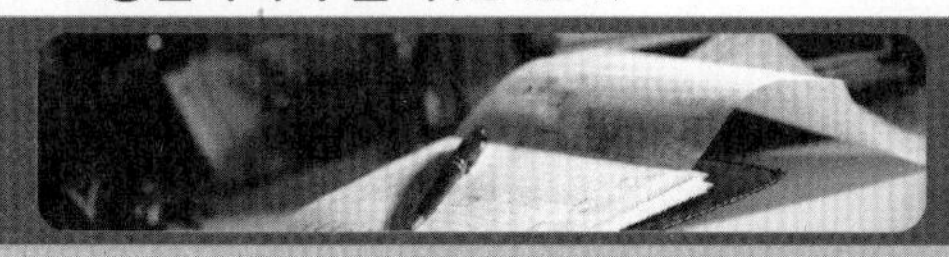

단위읽기표

단위	단위 읽는법	단위의 의미(물리량)
[maxwell/m²]	맥스웰 퍼 제곱미터(maxwell per meter square)	자화의 세기
[mol], [mole]	몰(mole)	물질의 양
[m]	미터(meter)	길이
[N/C]	뉴턴 퍼 쿨롱(Newton per Coulomb)	전계의 세기
[N]	뉴턴(Newton)	힘
[N · m]	뉴턴 미터(Newton meter)	회전력
[PS]	미터마력(PferdeStarke)	일률
[rad/m]	라디안 퍼 미터(radian per meter)	위상정수
[rad/s], [rad/sec]	라디안 퍼 세컨드(radian per second)	각주파수, 각속도
[rad]	라디안(radian)	각도
[rpm]	알피엠(revolution per minute)	동기속도, 회전속도
[S]	지멘스(Siemens)	컨덕턴스
[s], [sec]	세컨드(second)	시간
[V/cell]	볼트 퍼 셀(Volt per cell)	축전지 1개의 최저 허용전압
[V/m]	볼트 퍼 미터(Volt per meter)	전계의 세기
[Var]	바르(Var)	무효전력
[VA]	볼트 암페어(Volt Ampere)	피상전력
[vol%]	볼륨 퍼센트(volume percent)	농도
[V]	볼트(Volt)	전압
[W/m²]	와트 퍼 제곱미터(watt per meter square)	대류열
[W/m² · K³]	와트 퍼 제곱미터 케이 세제곱(Watt per meter square Kelvin cubic)	스테판 볼츠만 상수
[W/m² · ℃]	와트 퍼 제곱미터 도씨(Watt per meter square degree Celsius)	열전달률
[W/m³]	와트 퍼 세제곱 미터(Watt per meter cubic)	와전류손
[W/m · K]	와트 퍼 미터 케이(Watt per meter Kelvin)	열전도율
[W/sec], [W/s]	와트 퍼 세컨드(Watt per second)	전도열
[Wb/m²]	웨버 퍼 제곱미터(Weber per meter square)	자화의 세기
[Wb]	웨버(Weber)	자극의 세기, 자속, 자화
[Wb · m]	웨버 미터(Weber meter)	자기모멘트
[W]	와트(Watt)	전력, 유효전력(소비전력)
[°F]	도에프(degree Fahrenheit)	화씨온도
[°R]	도알(degree Rankine temperature)	랭킨온도
[Ω⁻¹]	옴 마이너스 일제곱(ohm−)	컨덕턴스
[Ω]	옴(ohm)	저항
[℧]	모(mho)	컨덕턴스
[℃]	도씨(degree Celsius)	섭씨온도

시험안내 연락처

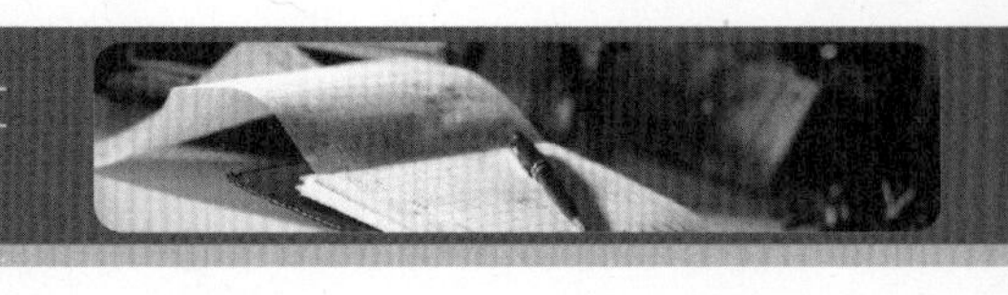

기관명	주 소	검정안내 전화번호			
		DDD	기술자격	전문자격	자격증발급
서울지역본부	02512 서울특별시 동대문구 장안벚꽃로 279	02	2137-0502~5 2137-0521~4 2137-0512	2137-0552~9	2137-0509 2137-0516
서울서부지사	03302 서울시 은평구 진관3로 36	02	(정기) 2024-1702 2024-1704~12 (상시) 2024-1718 2024-1723, 1725	2024-1721	2024-1728
서울남부지사	07225 서울특별시 영등포구 버드나루로 110	02	6907-7152~6, 6907-7133~9		6907-7135
강원지사	24408 강원도 춘천시 동내면 원창고개길 135	033	248-8511~2		248-8516
강원동부지사	25440 강원도 강릉시 사천면 방동길 60	033	650-5700		650-5700
부산지역본부	46519 부산광역시 북구 금곡대로 441번길 26	051	330-1910		330-1910
부산남부지사	48518 부산광역시 남구 신선로 454-18	051	620-1910		620-1910
울산지사	44538 울산광역시 중구 종가로 347	052	220-3211~8, 220-3281~2		220-3223
경남지사	51519 경남 창원시 성산구 두대로 239	055	212-7200		212-7200
대구지역본부	42704 대구광역시 달서구 성서공단로 213	053	(정기) 580-2357~61 (상시) 580-2371, 3, 7	580-2372, 2380, 2382~5	580-2362
경북지사	36616 경북 안동시 서후면 학가산온천길 42	054	840-3032~3, 3035~9		840-3033
경북동부지사	37580 경북 포항시 북구 법원로 140번길 9	054	230-3251~9, 230-3261~2, 230-3291		230-3259
경북서부지사	39371 경북 구미시 산호대로 253(구미첨단의료기술타워 2층)	054	713-3022~3027		713-3025
인천지역본부	21634 인천시 남동구 남동서로 209	032	820-8600		820-8600
경기지사	16626 경기도 수원시 권선구 호매실로 46-68	031	249-1212~9, 1221, 1226, 1273	249-1222~3, 1260, 1, 2, 5, 8	249-1228
경기북부지사	11780 경기도 의정부시 추동로 140	031	850-9100		850-9127
경기동부지사	13313 경기도 성남시 수정구 성남대로 1217	031	750-6215~7, 6221~5, 6227~9		750-6226
경기남부지사	17561 경기도 안성시 공도읍 공도로 51-23 더스페이스1 2~3층	031	615-9001~7		615-9001
광주지역본부	61008 광주광역시 북구 첨단벤처로 82	062	970-1761~7, 1769, 1799 (상시) 1776~9	970-1771~5, 1794~5	970-1769
전북지사	54852 전북 전주시 덕진구 유상로 69	063	(정기) 210-9221~9229 (상시) 210-9281~9286	210-9281~6	210-9223
전남지사	57948 전남 순천시 순광로 35-2	061	720-8530~5, 8539, 720-8560~2		720-8533
전남서부지사	58604 전남 목포시 영산로 820	061	288-3323		288-3325
제주지사	63220 제주 제주시 복지로 19	064	729-0701~2		729-0701~2
대전지역본부	35000 대전시 중구 서문로 25번길 1	042	580-9131~9 (상시) 9142~4	580-9152~5	580-9147
충북지사	28456 충북 청주시 흥덕구 1순환로 394번길 81	043	279-9041~7		279-9044
충남지사	31081 충남 천안시 서북구 천일고1길 27	041	620-7632~8 (상시) 7690~2	620-7644	620-7639
세종지사	30128 세종특별자치시 한누리대로 296 밀레니엄 빌딩 5층	044	410-8021~3		440-8023

※ 청사이전 및 조직변동 시 주소와 전화번호가 변경, 추가될 수 있음

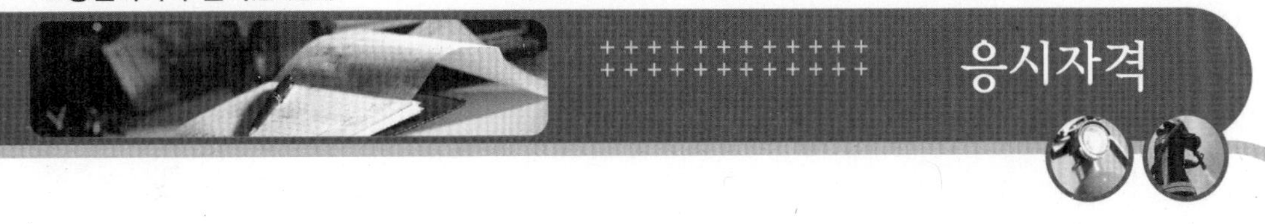

응시자격

기사 : 다음 각 호의 어느 하나에 해당하는 사람

1. **산업기사** 등급 이상의 자격을 취득한 후 응시하려는 종목이 속하는 동일 및 유사 직무분야에서 **1년 이상** 실무에 종사한 사람
2. **기능사** 자격을 취득한 후 응시하려는 종목이 속하는 동일 및 유사 직무분야에서 **3년 이상** 실무에 종사한 사람
3. 응시하려는 종목이 속하는 동일 및 유사 직무분야의 다른 종목의 기사 등급 이상의 자격을 취득한 사람
4. 관련학과의 대학졸업자 등 또는 그 졸업예정자
5. **3년제 전문대학** 관련학과 졸업자 등으로서 졸업 후 응시하려는 종목이 속하는 동일 및 유사 직무분야에서 **1년 이상** 실무에 종사한 사람
6. **2년제 전문대학** 관련학과 졸업자 등으로서 졸업 후 응시하려는 종목이 속하는 동일 및 유사 직무분야에서 **2년 이상** 실무에 종사한 사람
7. 동일 및 유사 직무분야의 **기사** 수준 기술훈련과정 이수자 또는 그 이수예정자
8. 동일 및 유사 직무분야의 **산업기사** 수준 기술훈련과정 이수자로서 이수 후 응시하려는 종목이 속하는 동일 및 유사 직무분야에서 **2년 이상** 실무에 종사한 사람
9. 응시하려는 종목이 속하는 동일 및 유사 직무분야에서 **4년 이상** 실무에 종사한 사람
10. 외국에서 동일한 종목에 해당하는 자격을 취득한 사람

산업기사 : 다음 각 호의 어느 하나에 해당하는 사람

1. **기능사** 등급 이상의 자격을 취득한 후 응시하려는 종목이 속하는 동일 및 유사 직무분야에 **1년 이상** 실무에 종사한 사람
2. 응시하려는 종목이 속하는 동일 및 유사 직무분야의 다른 종목의 산업기사 등급 이상의 자격을 취득한 사람
3. 관련학과의 **2년제** 또는 **3년제 전문대학**졸업자 등 또는 그 졸업예정자
4. 관련학과의 대학졸업자 등 또는 그 졸업예정자
5. 동일 및 유사 직무분야의 산업기사 수준 기술훈련과정 이수자 또는 그 이수예정자
6. 응시하려는 종목이 속하는 동일 및 유사 직무분야에서 **2년 이상** 실무에 종사한 사람
7. 고용노동부령으로 정하는 기능경기대회 입상자
8. 외국에서 동일한 종목에 해당하는 자격을 취득한 사람

※ 세부사항은 한국산업인력공단 **1644-8000**으로 문의바람

CBT 기출복원문제

2023년

소방설비기사 필기(전기분야)

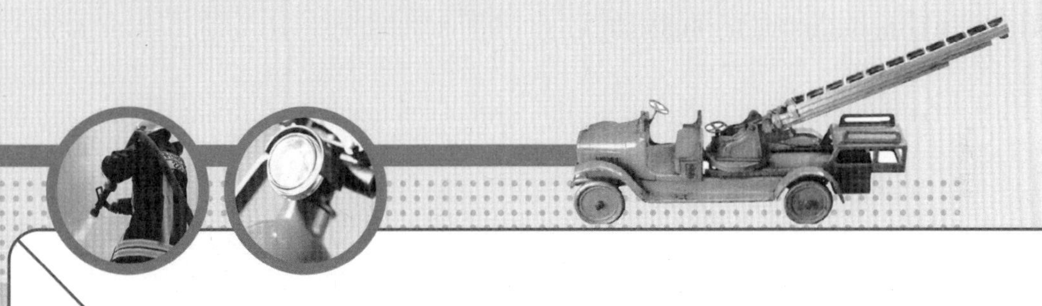

** 수험자 유의사항 **

1. 문제지를 받는 즉시 **본인**이 **응시한 종목**이 맞는지 확인하시기 바랍니다.
2. 문제지 표지에 본인의 **수험번호**와 **성명**을 기재하여야 합니다.
3. 문제지의 **총면수, 문제번호 일련순서, 인쇄상태, 중복 및 누락 페이지 유무**를 확인하시기 바랍니다.
4. 답안은 각 문제마다 요구하는 가장 적합하거나 가까운 답 1개만을 선택하여야 합니다.
5. 답안카드는 뒷면의 「수험자 유의사항」에 따라 작성하시고, 답안카드 작성 시 형별누락, 마킹착오로 인한 불이익은 전적으로 수험자에게 책임이 있음을 알려드립니다.
6. 문제지는 시험 종료 후 본인이 가져갈 수 있습니다.

** 안내사항 **

- 가답안/최종정답은 큐넷(www.q-net.or.kr)에서 확인하실 수 있습니다. 가답안에 대한 의견은 큐넷의 [가답안 의견 제시]를 통해 제시할 수 있으며, 확정된 답안은 최종정답으로 갈음합니다.
- 공단에서 제공하는 자격검정서비스에 대해 개선할 점이 있으시면 고객참여(http://hrdkorea.or.kr/7/1/1)를 통해 건의하여 주시기 바랍니다.

2023. 3. 1 시행

▌2023년 기사 제1회 필기시험 CBT 기출복원문제▐

자격종목	종목코드	시험시간	형별	수험번호	성명
소방설비기사(전기분야)		2시간			

※ 각 문항은 4지택일형으로 질문에 가장 적합한 보기 항을 선택하여 체크하여야 합니다.

제 1 과목 소방원론

01 다음 중 폭굉(detonation)의 화염전파속도는?

22.04.문20 / 16.05.문14 / 03.05.문10

① 0.1~10m/s
② 10~100m/s
③ 1000~3500m/s
④ 5000~10000m/s

해설 **연소반응**(전파형태에 따른 분류)

폭연(deflagration)	**폭굉**(detonation)
0.1~10m/s	1000~3500m/s 보기 ③
연소속도가 음속보다 느릴 때 발생	① 연소속도가 음속보다 빠를 때 발생 ② 온도의 상승은 **충격파**의 압력에 기인한다. ③ 압력상승은 **폭연**의 경우보다 **크다**. ④ 폭굉의 **유도거리**는 배관의 **지름**과 **관계**가 있다.

※ **음속** : 소리의 속도로서 약 **340m/s**이다.

답 ③

02 다음 중 휘발유의 인화점은?

21.03.문14 / 18.04.문05 / 15.09.문02 / 14.05.문05 / 14.03.문10 / 12.03.문01 / 11.06.문09 / 11.03.문12 / 10.05.문11

① −18℃
② −43℃
③ 11℃
④ 70℃

해설

물 질	인화점	착화점
• 프로필렌	−107℃	497℃
• 에틸에테르 • 디에틸에테르	−45℃	180℃
• **가솔린(휘발유)**	−43℃ 보기 ② 	300℃
• 이황화탄소	−30℃	**100℃**
• 아세틸렌	−18℃	335℃
• 아세톤	−18℃	**538℃**
• 벤젠	−11℃	562℃
• 톨루엔	4.4℃	480℃
• 에틸알코올	13℃	**423℃**
• 아세트산	40℃	−
• 등유	43~72℃	210℃
• 경유	50~70℃	200℃
• 적린	−	260℃

• 인화점＝인화온도
• 착화점＝발화점＝착화온도＝발화온도

답 ②

03 다음 중 연기에 의한 감광계수가 $0.1m^{-1}$, 가시거리가 20~30m일 때의 상황으로 옳은 것은?

22.04.문15 / 21.09.문02 / 20.06.문01 / 17.03.문10 / 16.10.문16 / 16.03.문03 / 14.05.문06 / 13.09.문11

① 건물 내부에 익숙한 사람이 피난에 지장을 느낄 정도
② 연기감지기가 작동할 정도
③ 어두운 것을 느낄 정도
④ 앞이 거의 보이지 않을 정도

해설 **감광계수**와 **가시거리**

감광계수 $[m^{-1}]$	가시거리 [m]	상 황
0.1	20~30	연기**감**지기가 작동할 때의 농도(연기감지기가 작동하기 직전의 농도) 보기 ②
0.3	5	건물 내부에 **익**숙한 사람이 피난에 지장을 느낄 정도의 농도 보기 ①
0.5	3	**어**두운 것을 느낄 정도의 농도 보기 ③
1	1~2	앞이 거의 **보**이지 않을 정도의 농도 보기 ④
10	0.2~0.5	화재 **최**성기 때의 농도
30	−	출화실에서 연기가 **분**출할 때의 농도

기억법	0123	감
	035	익
	053	어
	112	보
	100205	최
	30	분

답 ②

★★★
04 분진폭발의 위험성이 가장 낮은 것은?

22.03.문12 18.03.문01 15.05.문03 13.03.문03 12.09.문17 11.10.문01 10.05.문16 03.05.문08 01.03.문20

① 알루미늄분
② 유황
③ 팽창질석
④ 소맥분

해설 ③ 팽창질석 : 소화약제

분진폭발의 **위험성**이 있는 것
(1) 알루미늄분 보기 ①
(2) 유황 보기 ②
(3) 소맥분(밀가루) 보기 ④
(4) 석탄분말

중요

분진폭발을 일으키지 않는 물질
(1) **시**멘트(시멘트가루)
(2) **석**회석
(3) **탄**산칼슘($CaCO_3$)
(4) **생**석회(CaO)=산화칼슘

기억법 **분시석탄생**

답 ③

★★★
05 다음 중 가연물의 제거를 통한 소화방법과 무관한 것은?

22.04.문12 19.09.문05 19.04.문18 17.03.문16 16.10.문07 16.03.문12 14.05.문11 13.03.문01 11.03.문04 08.09.문17

① 산불의 확산방지를 위하여 산림의 일부를 벌채한다.
② 화학반응기의 화재시 원료공급관의 밸브를 잠근다.
③ 전기실 화재시 IG-541 약제를 방출한다.
④ 유류탱크 화재시 주변에 있는 유류탱크의 유류를 다른 곳으로 이동시킨다.

해설 ③ **질식소화** : IG-541(불활성기체 소화약제)

제거소화의 **예**
(1) **가연성 기체** 화재시 **주밸브**를 **차단**한다(화학반응기의 화재시 원료공급관의 **밸브**를 **잠금**). 보기 ②
(2) **가연성 액체** 화재시 펌프를 이용하여 **연료**를 제거한다.
(3) **연료탱크**를 **냉각**하여 가연성 가스의 발생속도를 작게 하여 연소를 억제한다.
(4) 금속화재시 **불활성 물질**로 가연물을 덮는다.
(5) **목재**를 **방염처리**한다.
(6) 전기화재시 **전원**을 **차단**한다.
(7) 산불이 발생하면 화재의 진행방향을 앞질러 **벌목**한다(산불의 확산방지를 위하여 **산림**의 **일부**를 **벌채**). 보기 ①
(8) 가스화재시 **밸브**를 **잠궈** 가스흐름을 차단한다(가스화재시 중간밸브를 잠금).
(9) 불타고 있는 장작더미 속에서 아직 타지 않은 것을 안전한 곳으로 **운반**한다.
(10) 유류탱크 화재시 주변에 있는 유류탱크의 유류를 다른 곳으로 이동시킨다. 보기 ④
(11) 양초를 입으로 불어서 끈다.

용어

제거효과
가연물을 반응계에서 제거하든지 또는 반응계로의 공급을 정지시켜 소화하는 효과

답 ③

★★★
06 분말소화약제로서 ABC급 화재에 적용성이 있는 소화약제의 종류는?

22.04.문18 21.05.문07 20.09.문07 19.03.문01 18.04.문06 17.09.문10 17.03.문18 16.10.문06 16.10.문10 16.05.문15

① $NH_4H_2PO_4$
② $NaHCO_3$
③ Na_2CO_3
④ $KHCO_3$

해설 **분말소화약제**

종 별	분자식	착 색	적응 화재	비 고
제**1**종	탄산수소나트륨 ($NaHCO_3$)	백색	BC급	**식용유** 및 **지방질유**의 화재에 적합 기억법 **1식분(일식 분식)**
제2종	탄산수소칼륨 ($KHCO_3$)	담자색 (담회색)	BC급	-
제**3**종	제1인산암모늄 ($NH_4H_2PO_4$) 보기 ①	담홍색	**ABC급**	**차고·주차장**에 적합 기억법 **3분 차주 (삼보 컴퓨터 차주)**
제4종	**탄산수소칼륨 + 요소** ($KHCO_3$ + $(NH_2)_2CO$)	회(백)색	BC급	-

답 ①

★★★
07 액화가스 저장탱크의 누설로 부유 또는 확산된 액화가스가 착화원과 접촉하여 액화가스가 공기 중으로 확산, 폭발하는 현상은?

19.09.문15 18.09.문08 17.03.문17 16.05.문02 15.03.문01 14.09.문12 14.03.문01 09.05.문10 05.09.문07 05.05.문07 03.03.문11 02.03.문20

① 블래비(BLEVE)
② 보일오버(boill over)
③ 슬롭오버(slop over)
④ 프로스오버(forth over)

해설 **가스탱크 · 건축물 내**에서 발생하는 현상

(1) **가스탱크** 보기 ①

현 상	정 의
블래비 (BLEVE)	• 과열상태의 탱크에서 내부의 액화가스가 분출하여 기화되어 폭발하는 현상 • 탱크 주위 화재로 탱크 내 인화성 액체가 비등하고 가스부분의 압력이 상승하여 탱크가 파괴되고 폭발을 일으키는 현상

(2) **건축물 내**

현 상	정 의
플래시오버 (flash over)	• 화재로 인하여 실내의 온도가 급격히 상승하여 화재가 순간적으로 실내 전체에 확산되어 연소되는 현상
백드래프트 (back draft)	• **통기력**이 좋지 않은 상태에서 연소가 계속되어 산소가 심히 부족한 상태가 되었을 때 **개구부**를 통하여 산소가 공급되면 실내의 가연성 혼합기가 공급되는 **산소**의 **방향**과 **반대**로 흐르며 급격히 연소하는 현상 • 소방대가 소화활동을 위하여 화재실의 문을 개방할 때 신선한 공기가 유입되어 실내에 축적되었던 가연성 가스가 **단시간**에 **폭발적**으로 **연소**함으로써 화재가 폭풍을 동반하며 **실외**로 **분출**되는 현상

중요

유류탱크에서 **발생**하는 **현상**

현 상	정 의
보일오버 (boil over) 보기 ②	• 중질유의 석유탱크에서 장시간 조용히 연소하다 탱크 내의 잔존기름이 갑자기 분출하는 현상 • 유류탱크에서 탱크바닥에 물과 기름의 **에멀션**이 섞여 있을 때 이로 인하여 화재가 발생하는 현상 • 연소유면으로부터 100℃ 이상의 열파가 탱크 **저부**에 고여 있는 물을 비등하게 하면서 연소유를 탱크 밖으로 비산시키며 연소하는 현상 기억법 **보저(보자기)**
오일오버 (oil over)	• 저장탱크에 저장된 유류저장량이 내용적의 50% 이하로 충전되어 있을 때 화재로 인하여 탱크가 폭발하는 현상
프로스오버 (froth over) 보기 ④	• 물이 점성의 뜨거운 기름 표면 아래에서 끓을 때 화재를 수반하지 않고 용기가 넘치는 현상
슬롭오버 (slop over) 보기 ③	• 물이 연소유의 뜨거운 표면에 들어갈 때 기름 표면에서 화재가 발생하는 현상 • 유화제로 소화하기 위한 물이 수분의 급격한 증발에 의하여 액면이 거품을 일으키면서 열유층 밑의 냉유가 급히 열팽창하여 기름의 일부가 불이 붙은 채 탱크벽을 넘어서 일출하는 현상

답 ①

★★★
08 방화벽의 구조 기준 중 다음 (　) 안에 알맞은 것은?

19.09.문14 17.09.문16 13.03.문16 12.03.문10

> • 방화벽의 양쪽 끝과 위쪽 끝을 건축물의 외벽면 및 지붕면으로부터 (㉠)m 이상 튀어 나오게 할 것
> • 방화벽에 설치하는 출입문의 너비 및 높이는 각각 (㉡)m 이하로 하고, 해당 출입문에는 60분+방화문 또는 60분 방화문을 설치할 것

① ㉠ 0.3, ㉡ 2.5　② ㉠ 0.3, ㉡ 3.0
③ ㉠ 0.5, ㉡ 2.5　④ ㉠ 0.5, ㉡ 3.0

해설 **건축령 57조**

방화벽의 구조

구 분	설 명
대상 건축물	• 주요 구조부가 내화구조 또는 불연재료가 아닌 연면적 1000m² 이상인 건축물
구획단지	• 연면적 **1000m²** 미만마다 구획
방화벽의 구조	• **내화구조**로서 홀로 설 수 있는 구조일 것 • 방화벽의 양쪽 끝과 위쪽 끝을 건축물의 외벽면 및 지붕면으로부터 **0.5m** 이상 튀어나오게 할 것 보기 ㉠ • 방화벽에 설치하는 **출입문**의 **너비** 및 높이는 각각 **2.5m** 이하로 하고 해당 출입문에는 60분+방화문 또는 60분 방화문을 설치할 것 보기 ㉡

답 ③

★★★
09 다음 물질 중 연소범위를 통해 산출한 위험도값이 가장 높은 것은?

22.09.문18 20.06.문19 19.03.문03 18.03.문18

① 수소 ② 에틸렌
③ 메탄 ④ 이황화탄소

해설 **위험도**

$$H=\frac{U-L}{L}$$

여기서, H : 위험도
U : 연소상한계
L : 연소하한계

① **수소** $=\frac{75-4}{4}=17.75$ 보기 ①

② **에틸렌** $=\frac{36-2.7}{2.7}=12.33$ 보기 ②

③ **메탄** $=\frac{15-5}{5}=2$ 보기 ③

④ **이황화탄소** $=\frac{50-1}{1}=49$(가장 높음) 보기 ④

중요

공기 중의 **폭발한계**(상온, 1atm)

가 스	하한계 〔vol%〕	상한계 〔vol%〕
아세틸렌(C_2H_2)	2.5	81
수소(H_2) 보기 ①	4	75
일산화탄소(CO)	12	75
에**테**르($(C_2H_5)_2O$)	1.7	48
이**황**화탄소(CS_2) 보기 ④	1	50
에**틸**렌(C_2H_4) 보기 ②	2.7	36
암모니아(NH_3)	15	25
메탄(CH_4) 보기 ③	5	15
에탄(C_2H_6)	3	12.4
프로판(C_3H_8)	2.1	9.5
부탄(C_4H_{10})	1.8	8.4

기억법
아 2581
수 475
일 1275
테 1748
황 150
틸 2736
암 1525
메 515
에 3124
프 2195
부 1884

- 연소한계=연소범위=가연한계=가연범위=폭발한계=폭발범위

답 ④

★★★
10 알킬알루미늄 화재시 사용할 수 있는 소화약제로 가장 적당한 것은?

22.09.문19 21.05.문13 16.05.문20 07.09.문03

① 이산화탄소
② 물
③ 할로겐화합물
④ 마른모래

해설 **위험물**의 **소화약제**

위험물	소화약제
• 알킬알루미늄 • 알킬리튬	• 마른모래 보기 ④ • 팽창질석 • 팽창진주암

답 ④

★★
11 인화성 액체의 연소점, 인화점, 발화점을 온도가 높은 것부터 옳게 나열한 것은?

17.03.문20 06.03.문05

① 발화점 > 연소점 > 인화점
② 연소점 > 인화점 > 발화점
③ 인화점 > 발화점 > 연소점
④ 인화점 > 연소점 > 발화점

해설 **인화성 액체**의 **온도**가 **높은 순서**
발화점>연소점>인화점 보기 ①

용어

연소와 **관계**되는 **용어**

용 어	설 명
발화점	가연성 물질에 불꽃을 접하지 아니하였을 때 연소가 가능한 **최저온도**
인화점	휘발성 물질에 불꽃을 접하여 연소가 가능한 **최저온도**
연소점	① 인화점보다 **10℃** 높으며 연소를 **5초** 이상 지속할 수 있는 온도 ② 어떤 인화성 액체가 공기 중에서 열을 받아 점화원의 존재하에 **지속**적인 연소를 일으킬 수 있는 온도 ③ 가연성 액체에 점화원을 가져가서 인화된 후에 점화원을 제거하여도 가연물이 **계속** 연소되는 **최저온도**

답 ①

★★★
12 다음 물질의 저장창고에서 화재가 발생하였을 때 주수소화를 할 수 없는 물질은?

20.06.문14 16.10.문19 13.06.문19

① 부틸리튬
② 질산에틸
③ 니트로셀룰로오스
④ 적린

해설 **주수소화**(물소화)시 **위험**한 **물질**

구 분	현 상
• 무기과산화물	**산소**(O_2) 발생
• **금**속분 • **마**그네슘 • 알루미늄 • 칼륨 • 나트륨 • 수소화리튬 • **부틸리튬** 보기 ①	**수소**(H_2) 발생
• 가연성 액체의 유류화재	**연소면**(화재면) 확대

기억법 **금마수**

※ **주수소화** : 물을 뿌려 소화하는 방법

답 ①

13
20.09.문01 16.10.문14 14.03.문07

피난계획의 일반원칙 중 페일 세이프(faill safe)에 대한 설명으로 옳은 것은?

① 본능적 상태에서도 쉽게 식별이 가능하도록 그림이나 색채를 이용하는 것
② 피난구조설비를 반드시 이동식으로 하는 것
③ 피난수단을 조작이 간편한 원시적 방법으로 설계하는 것
④ 한 가지 피난기구가 고장이 나도 다른 수단을 이용할 수 있도록 고려하는 것

해설
① Fool proof
② Fool proof : 이동식 → 고정식
③ Fool proof
④ Fail safe

페일 세이프(fail safe)와 **풀 프루프**(fool proof)

용 어	설 명
페일 세이프 (fail safe)	• 한 가지 피난기구가 고장이 나도 다른 수단을 이용할 수 있도록 고려하는 것 보기 ④ • 한 가지가 고장이 나도 다른 수단을 이용하는 원칙 • **두 방향**의 피난동선을 항상 확보하는 원칙
풀 프루프 (fool proof)	• 피난경로는 **간단명료**하게 한다. • 피난구조설비는 **고정식 설비**를 위주로 설치한다. 보기 ② • 피난수단은 **원시적 방법**에 의한 것을 원칙으로 한다. 보기 ③ • 피난통로를 **완전불연화**한다. • 막다른 복도가 없도록 계획한다. • 간단한 **그림**이나 **색채**를 이용하여 표시한다. 보기 ①

기억법 **풀그색 간고원**

답 ④

14
17.05.문14 09.05.문15

다음 중 열전도율이 가장 작은 것은?

① 알루미늄
② 철재
③ 은
④ 암면(광물섬유)

해설 27℃에서 **물질**의 **열전도율**

물 질	열전도율
암면(광물섬유) 보기 ④	0.046W/m · ℃
철재 보기 ②	80.3W/m · ℃
알루미늄 보기 ①	237W/m · ℃
은 보기 ③	427W/m · ℃

중요

열전도와 **관계있는 것**
(1) 열전도율〔kcal/m · h · ℃, W/m · deg〕
(2) 비열〔cal/g · ℃〕
(3) 밀도〔kg/m^3〕
(4) 온도〔℃〕

답 ④

15
21.05.문04 16.10.문11

정전기에 의한 발화과정으로 옳은 것은?

① 방전 → 전하의 축적 → 전하의 발생 → 발화
② 전하의 발생 → 전하의 축적 → 방전 → 발화
③ 전하의 발생 → 방전 → 전하의 축적 → 발화
④ 전하의 축적 → 방전 → 전하의 발생 → 발화

해설 **정전기**의 **발화과정**

전하의 발생 → 전하의 축적 → 방전 → 발화

기억법 **발축방**

답 ②

16
14.09.문19 07.09.문10

0℃, 1atm 상태에서 부탄(C_4H_{10}) 1mol을 완전연소시키기 위해 필요한 산소의 mol수는?

① 2
② 4
③ 5.5
④ 6.5

해설 **연소**시키기 위해서는 **O_2**가 필요하므로

$aC_4H_{10} + bO_2 \rightarrow cCO_2 + dH_2O$

C : $4\overset{2}{a} = \overset{8}{c}$
H : $10\overset{2}{a} = 2\overset{10}{d}$
O : $2\overset{13}{b} = 2\overset{8}{c} + \overset{10}{d}$

②C_4H_{10} + ⑬O_2 → $8CO_2+10H_2O$

2몰 ╲╱ 13몰
1몰 ╱╲ x

$2x=13$

$x=\frac{13}{2}=6.5$몰

중요

발생물질

완전연소	불완전연소
CO_2+H_2O	$CO+H_2O$

답 ④

★★
17 다음 중 연소시 아황산가스를 발생시키는 것은?

17.05.문08
07.09.문11

① 적린
② 유황
③ 트리에틸알루미늄
④ 황린

해설 $S+O_2 \rightarrow SO_2$
황 산소 아황산가스

- 황=유황

답 ②

★★★
18 pH 9 정도의 물을 보호액으로 하여 보호액 속에 저장하는 물질은?

18.03.문07
14.05.문20
07.09.문12

① 나트륨 ② 탄화칼슘
③ 칼륨 ④ 황린

해설 **저장물질**

물질의 종류	보관장소
• **황**린 보기 ④ • **이**황화탄소(CS_2)	• **물**속 기억법 **황이물**
• 니트로셀룰로오스	• 알코올 속
• 칼륨(K) 보기 ③ • 나트륨(Na) 보기 ① • 리튬(Li)	• 석유류(등유) 속
• 탄화칼슘(CaC_2) 보기 ②	• 습기가 없는 밀폐용기
• 아세틸렌(C_2H_2)	• 디메틸프롬아미드(DMF) • 아세톤 문제 19

참고

물질의 발화점

물질의 종류	발화점
• 황린	30~50℃
• 황화린 • 이황화탄소	100℃
• 니트로셀룰로오스	180℃

답 ④

★★★
19 아세틸렌 가스를 저장할 때 사용되는 물질은?

18.03.문07
14.05.문20
07.09.문12

① 벤젠
② 톨루엔
③ 아세톤
④ 에틸알코올

해설 문제 18 참조

답 ③

★
20 연소의 4대 요소로 옳은 것은?

① 가연물－열－산소－발열량
② 가연물－열－산소－순조로운 연쇄반응
③ 가연물－발화온도－산소－반응속도
④ 가연물－산화반응－발열량－반응속도

해설 **연소의 3요소와 4요소**

연소의 3요소	연소의 4요소
• 가연물(연료) • 산소공급원(산소, 공기) • 점화원(점화에너지, 열)	• **가연물**(연료) • 산소공급원(**산소**, 공기) • 점화원(점화에너지, **열**) • **연쇄반응**(순조로운 연쇄반응)

기억법 연4(연사)

답 ②

제 2 과목 소방전기일반

★
21 220V용 100W 전구와 200W 전구를 직렬로 연결하여 220V의 전원에 연결하면? (단, 각 전구의 밝기 효율〔lm/W〕은 같다.)

① 두 전구 모두 안 켜진다.
② 두 전구의 밝기가 같다.
③ 100W의 전구가 더 밝다.
④ 200W의 전구가 더 밝다.

해설 (1) **기호**

- V : 220V
- P_{100} : 100W
- P_{200} : 200W

(2) **전력**

$$P=VI=I^2R=\frac{V^2}{R}\ \text{〔W〕}$$

여기서, P : 전력〔W〕, V : 전압〔V〕
I : 전류〔A〕, R : 저항〔Ω〕

- 저항이 변하지 않으므로 $P=I^2R=\frac{V^2}{R}$ 식을 적용해야 함. 저항이 변하지 않을 때는 $P=VI$식을 적용할 수 없음

$P=\frac{V^2}{R}$ 에서

전력을 저항으로 환산하면 다음 그림과 같다.

㉠ 100W

$$R_{100}=\frac{V^2}{P_{100}}=\frac{220^2}{100}=484\,\Omega$$

㉡ 200W

$$R_{200}=\frac{V^2}{P_{200}}=\frac{220^2}{200}=242\,\Omega$$

484Ω 242Ω
100W 200W
220V

전력을 저항으로 환산한 등가회로에서 **전류**가 **일정**하므로 $P=I^2R\propto R$이 된다.
그러므로 **100W 전구**가 200W 전구보다 더 **밝다.**

답 ③

22 회전자 입력 100kW, 슬립 4%인 3상 유도전동기의 2차 동손[kW]은?

① 0.004
② 0.04
③ 0.4
④ 4

해설 (1) **기호**

- P_2 : 100kW
- s : 4%=0.04
- P_{c2} : ?

(2) **2차 동손**

$$P_{c2}=sP_2$$

여기서, P_{c2} : 2차 동손[kW]
s : 슬립
P_2 : 회전자 입력[kW]

2차 동손 P_{c2}는

$P_{c2}=sP_2=0.04\times100=4\text{kW}$

비교

전동기 출력

$$P_0=(1-s)P_2$$

여기서, P_0 : 전동기 출력[kW]
s : 슬립
P_2 : 회전자 입력[kW]

답 ④

23 각 상의 임피던스가 $Z=6+j8\,\Omega$인 △결선의 평형 3상 부하에 선간전압이 220V인 대칭 3상 전압을 가했을 때 이 부하로 흐르는 선전류의 크기는 약 몇 A인가?

22.03.문37 21.09.문35 16.10.문21 12.05.문21 03.05.문34

① 13
② 22
③ 38
④ 66

해설 (1) **기호**

- Z : $6+j8\,\Omega$
- V_L : 220V
- I_L : ?

(2) **△결선 vs Y결선**

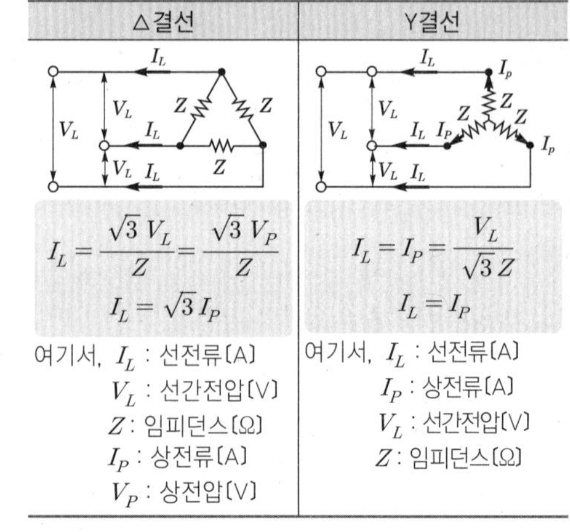

△결선	Y결선
$I_L=\frac{\sqrt{3}\,V_L}{Z}=\frac{\sqrt{3}\,V_P}{Z}$ $I_L=\sqrt{3}\,I_P$	$I_L=I_P=\frac{V_L}{\sqrt{3}\,Z}$ $I_L=I_P$
여기서, I_L : 선전류[A] V_L : 선간전압[V] Z : 임피던스[Ω] I_P : 상전류[A] V_P : 상전압[V]	여기서, I_L : 선전류[A] I_P : 상전류[A] V_L : 선간전압[V] Z : 임피던스[Ω]

△결선 선전류 I_L는

$$I_L=\frac{\sqrt{3}\,V_L}{Z}=\frac{\sqrt{3}\times220}{6+j8}=\frac{\sqrt{3}\times220}{\sqrt{6^2+8^2}}\fallingdotseq38\text{A}$$

답 ③

24 0.5kVA의 수신기용 변압기가 있다. 이 변압기의 철손은 7.5W이고, 전부하동손은 16W이다. 화재가 발생하여 처음 2시간은 전부하로 운전되고, 다음 2시간은 $\frac{1}{2}$의 부하로 운전되었다고 한다. 4시간에 걸친 이 변압기의 전손실전력량은 몇 Wh인가?

21.09.문30 17.09.문30 11.03.문29

① 62
② 70
③ 78
④ 94

해설 (1) 기호

- P_i : 7.5W
- P_c : 16W
- t : 2h
- $\frac{1}{2}$ 부하가 걸렸으므로 $\frac{1}{n}=\frac{1}{2}$
- W : ?

(2) 전손실전력량

$$W=[P_i+P_c]t+\left[P_i+\left(\frac{1}{n}\right)^2 P_c\right]t$$

여기서, W : 전손실전력량〔Wh〕
P_i : 철손〔W〕
P_c : 동손〔W〕
t : 시간〔h〕
n : 부하가 걸리는 비율

$W=[7.5+16]\times 2+\left[7.5+\left(\frac{1}{2}\right)^2\times 16\right]\times 2=$ **70Wh**

답 ②

★★★
25 유도전동기의 슬립이 5.6%이고 회전자속도가 1700rpm일 때, 이 유도전동기의 동기속도는 약 몇 rpm인가?

22.03.문34 21.05.문26 18.03.문29

① 1000 ② 1200
③ 1500 ④ 1800

해설 (1) 기호

- N : 1700rpm
- s : 5.6%=**0.056**
- N_s : ?

(2) 동기속도 …… ㉠

$$N_s=\frac{120f}{P}$$

여기서, N_s : 동기속도〔rpm〕, f : 주파수〔Hz〕
P : 극수

(3) 회전속도 …… ㉡

$$N=\frac{120f}{P}(1-s)\text{〔rpm〕}$$

여기서, N : 회전속도〔rpm〕, P : 극수
f : 주파수〔Hz〕, s : 슬립

㉠식을 ㉡식에 대입하면

$$N=N_s(1-s)$$

동기속도 N_s는

$N_s=\frac{N}{(1-s)}=\frac{1700}{(1-0.056)}\fallingdotseq$ **1800rpm**

답 ④

★
26 그림에서 전압계의 지시값이 100V이고 전류계의 지시값이 5A일 때 부하전력은 몇 W인가? (단, 전류계의 내부저항은 0.4Ω이다.)

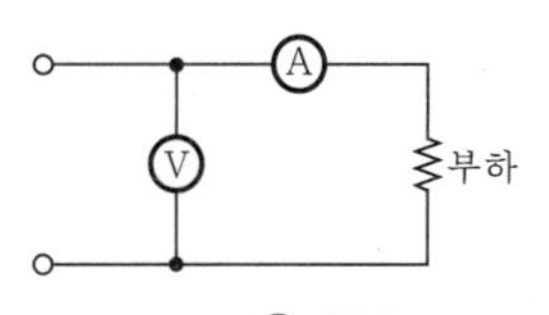

① 490 ② 500
③ 520 ④ 540

해설 (1) 회로 재구성

전류계의 **내부저항**까지 고려하여 회로를 다시 그리면

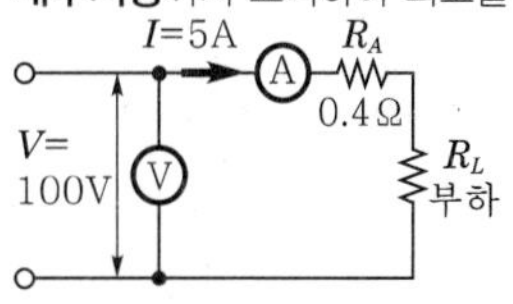

(2) 전압

$$V=IR$$

여기서, V : 전압〔V〕
I : 전류〔A〕
R : 저항〔Ω〕

전압 V는

$V=I(R_A+R_L)$

$100=5(0.4+R_L)$

$\frac{100}{5}=0.4+R_L$ ← 좌우 이항

$0.4+R_L=\frac{100}{5}$

$R_L=\frac{100}{5}-0.4=19.6\Omega$

(3) 부하전력

$$P_L=VI=I^2R_L=\frac{V^2}{R_L}$$

여기서, P_L : 부하전력〔W〕
V : 전압〔V〕
I : 전류〔A〕
R_L : 부하저항〔Ω〕

부하전력 $P_L=I^2R_L=5^2\times 19.6=490\text{W}$

- 부하전력=소비전력=유효전력

답 ①

★★★
27 어떤 회로에 $v(t)=150\sin\omega t$〔V〕의 전압을 가하니 $i(t)=12\sin(\omega t-30°)$〔A〕의 전류가 흘렀다. 이 회로의 소비전력(유효전력)은 약 몇 W인가?

21.03.문34 19.09.문34 12.03.문31

① 390 ② 450
③ 780 ④ 900

해설 중요

cos → sin 변경	sin → cos 변경
+90° 붙임	−90° 붙임

$v(t)=V_m\sin\omega t=150\sin\omega t=150\cos(\omega t-90°)$〔V〕

$i(t)=I_m\sin\omega t=12\sin(\omega t-30°)$

$=12\cos(\omega t-30°-90°)=12\cos(\omega t-120°)$〔A〕

(1) **전압**의 **최대값**

$$V_m = \sqrt{2}\,V$$

여기서, V_m : 전압의 최대값[V]
V : 전압의 실효값[V]

전압의 **실효값** V는

$$V = \frac{V_m}{\sqrt{2}} = \frac{150}{\sqrt{2}}\text{V}$$

(2) **전류**의 **최대값**

$$I_m = \sqrt{2}\,I$$

여기서, I_m : 전류의 최대값[A]
I : 전류의 실효값[A]

전류의 **실효값** I는

$$I = \frac{I_m}{\sqrt{2}} = \frac{12}{\sqrt{2}}\text{A}$$

(3) **소비전력**

$$P = VI\cos\theta$$

여기서, P : 소비전력[W]
V : 전압의 실효값[V]
I : 전류의 실효값[A]
θ : 위상차[rad]

소비전력 P는

$$P = VI\cos\theta$$
$$= \frac{150}{\sqrt{2}} \times \frac{12}{\sqrt{2}} \times \cos(-90-(-120))^\circ$$
$$= \frac{150}{\sqrt{2}} \times \frac{12}{\sqrt{2}} \times \cos 30^\circ \fallingdotseq 780\text{W}$$

• 소비전력=유효전력=부하전력

답 ③

★

28 다음 중 강자성체에 속하지 않는 것은?

20.08.문23

① 니켈 ② 알루미늄
③ 코발트 ④ 철

해설

② 알루미늄 : 상자성체

자성체의 **종류**

자성체	종 류
상자성체 (paramagnetic material)	① **알**루미늄(Al) ② **백**금(Pt) 기억법 **상알백**
반자성체 (diamagnetic material)	① 금(Au) ② 은(Ag) ③ 구리(동)(Cu) ④ 아연(Zn) ⑤ 탄소(C)
강자성체 (ferromagnetic material)	① **니**켈(Ni) ② **코**발트(Co) ③ **망**간(Mn) ④ **철**(Fe) 기억법 **강니코망철** • **자기차폐**와 관계 깊음

답 ②

★★★

29 그림과 같은 다이오드 게이트 회로에서 출력전압은? (단, 다이오드 내의 전압강하는 무시한다.)

18.09.문27
11.06.문22
09.08.문34
08.03.문24

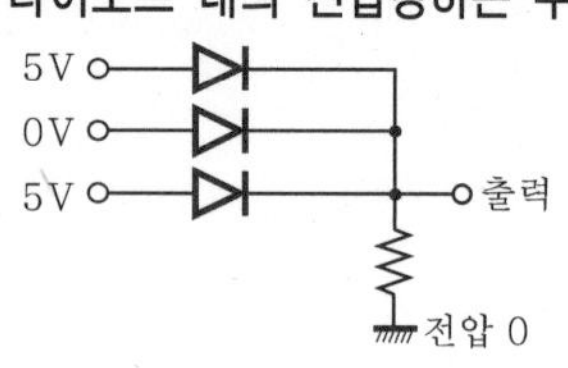

① 10V ② 5V
③ 1V ④ 0V

해설

OR 게이트이므로 입력신호 중 5V, 0V, 5V 중 **어느 하나**라도 **5V**이면 출력신호 X가 **5**가 된다.

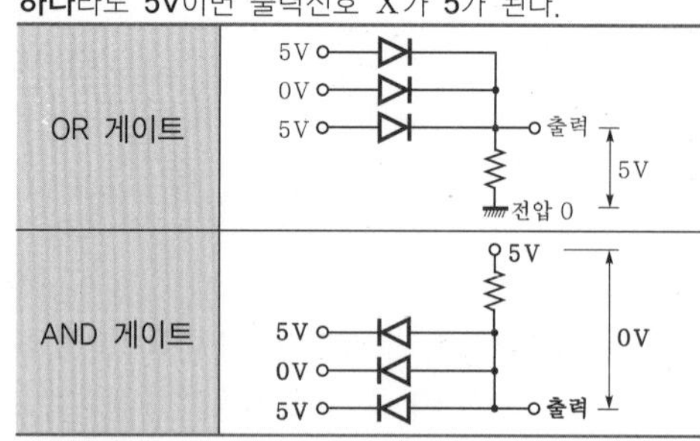

중요

논리회로

명 칭	회 로
AND 게이트	+5V, A, B, 출력
	A, B, 출력
OR 게이트	A, B, 출력 보기 ②
	+5V, A, B, 출력
NOR 게이트	$+V_{CC}$, A, B, 출력, T_r
NAND 게이트	$+V_{CC}$, A, B, 출력, T_r

답 ②

★★
30

22.04.문33
21.03.문25

테브난의 정리를 이용하여 그림 (a)의 회로를 그림 (b)와 같은 등가회로로 만들고자 할 때 V_{th} [V]와 R_{th} [Ω]은?

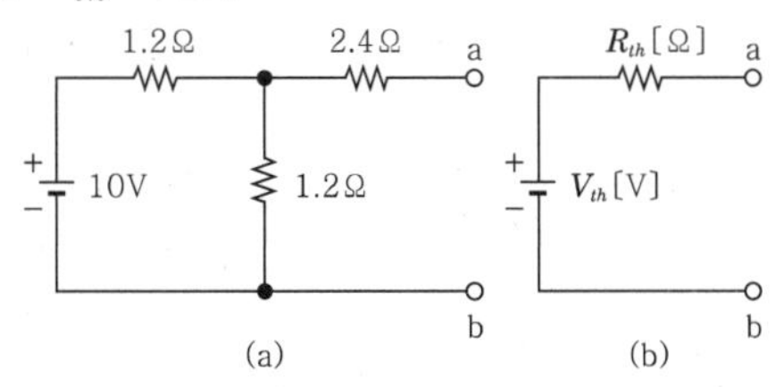

① 5V, 2Ω ② 5V, 3Ω
③ 6V, 2Ω ④ 6V, 3Ω

해설 **테브난**의 **정리**에 의해 2.4Ω에는 전압이 가해지지 않으므로

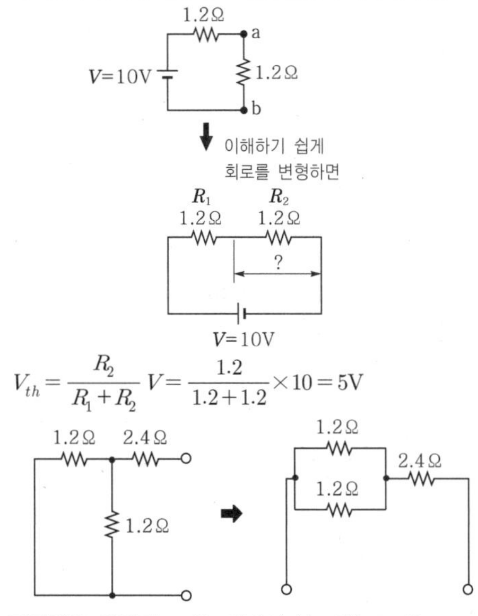

$$V_{th}=\frac{R_2}{R_1+R_2}V=\frac{1.2}{1.2+1.2}\times 10=5\text{V}$$

전압원을 **단락**하고 회로망에서 본 저항 R_{th}은

$$R_{th}=\frac{1.2\times 1.2}{1.2+1.2}+2.4=3\,\Omega$$

용어

테브난의 **정리**(테브낭의 정리)
2개의 독립된 회로망을 접속하였을 때의 전압 · 전류 및 임피던스의 관계를 나타내는 정리

답 ②

★★★
31

17.09.문32
16.05.문33
07.09.문22

공기 중에 1×10^{-7}C의 (+)전하가 있을 때, 이 전하로부터 15cm의 거리에 있는 점의 전장의 세기는 몇 V/m인가?

① 1×10^4
② 2×10^4
③ 3×10^4
④ 4×10^4

해설 (1) **기호**

- ε_s : 1(공기 중이므로 1)
- Q : 1×10^{-7}C
- r : 15cm=0.15m(100cm=1m)
- E : ?

(2) **전계**의 **세기**(intensity of electric field)

$$E=\frac{Q}{4\pi\varepsilon r^2}$$

여기서, E : 전계의 세기[V/m]
Q : 전하[C]
ε : 유전율[F/m]($\varepsilon=\varepsilon_0\cdot\varepsilon_s$)
r : 거리[m]

전계의 세기(전장의 세기) E는

$$E=\frac{Q}{4\pi\varepsilon r^2}=\frac{Q}{4\pi\varepsilon_0\varepsilon_s r^2}$$
$$=\frac{Q}{4\pi\varepsilon_0 r^2}$$
$$=\frac{(1\times 10^{-7})}{4\pi\times(8.855\times 10^{-12})\times 0.15^2}$$
$$\fallingdotseq 40000$$
$$=4\times 10^4\text{V/m}$$

- **진공**의 **유전율** : $\varepsilon_0=8.855\times 10^{-12}$F/m
- **ε_s(비유전율) : 진공 중 또는 공기 중 $\varepsilon_s \fallingdotseq 1$ 이므로** 생략

답 ④

★★★
32

19.09.문30
13.09.문31
11.06.문34

내부저항이 200Ω이며 직류 120mA인 전류계를 6A까지 측정할 수 있는 전류계로 사용하고자 한다. 어떻게 하면 되겠는가?

① 24Ω의 저항을 전류계와 직렬로 연결한다.
② 12Ω의 저항을 전류계와 병렬로 연결한다.
③ 약 6.24Ω의 저항을 전류계와 직렬로 연결한다.
④ 약 4.08Ω의 저항을 전류계와 병렬로 연결한다.

해설 (1) **기호**

- R_A : 200Ω
- I : 120mA=120×10^{-3}A
- I_0 : 6A
- R_S : ?

(2) **분류기**

$$I_0=I\left(1+\frac{R_A}{R_S}\right)$$

여기서, I_0 : 측정하고자 하는 전류[A]
I : 전류계의 최대눈금[A]
R_A : 전류계 내부저항[Ω]
R_S : 분류기저항[Ω]

$$I_0 = I\left(1+\frac{R_A}{R_S}\right)$$

$$\frac{I_0}{I} = 1+\frac{R_A}{R_S}$$

$$\frac{I_0}{I} - 1 = \frac{R_A}{R_S}$$

$$R_S = \frac{R_A}{\frac{I_0}{I}-1} = \frac{200}{\frac{6}{(120\times10^{-3})}-1} = 4.08\,\Omega$$

• **분류기** : 전류계와 **병렬**접속

비교

배율기

$$V_0 = V\left(1+\frac{R_m}{R_v}\right)$$

여기서, V_0 : 측정하고자 하는 전압〔V〕
V : 전압계의 최대눈금〔V〕
R_v : 전압계의 내부저항〔Ω〕
R_m : 배율기저항〔Ω〕

• **배율기** : 전압계와 **직렬**접속

중요

전압계와 **전류계**의 **결선**

전압계	전류계
부하와 **병렬**연결	부하와 **직렬**연결

기억법 **압병(압병!합병!)**

전류계 / 전압계 / 부하

| 회로의 전압 · 전류 측정 |

답 ④

★

33 직류전압계와 직류계를 사용하여 부하전압과 전류를 측정하고자 할 때 연결방법으로 옳은 것은?

① 전압계는 부하와 병렬, 전류계는 부하와 직렬
② 전압계, 전류계 모두 부하와 병렬
③ 전압계는 부하와 직렬, 전류계는 부하와 병렬
④ 전압계, 전류계 모두 부하와 직렬

해설 **문제 32 참조**

비교

배율기 vs 분류기

배율기	분류기
전압계에 **직렬**연결	**전류계**에 **병렬**연결

답 ①

★★

34 3상 교류 전원과 부하가 모두 △결선된 3상 평형 회로에서 전원전압이 200V, 부하 임피던스가 $6+j8\,\Omega$인 경우 선전류〔A〕의 크기는?

① 10　　② $\frac{20}{\sqrt{3}}$
③ 20　　④ $20\sqrt{3}$

해설 (1) **기호**

• V_l : 200V
• Z : $6+j8\,\Omega$
• I_l : ?

(2) **△결선**

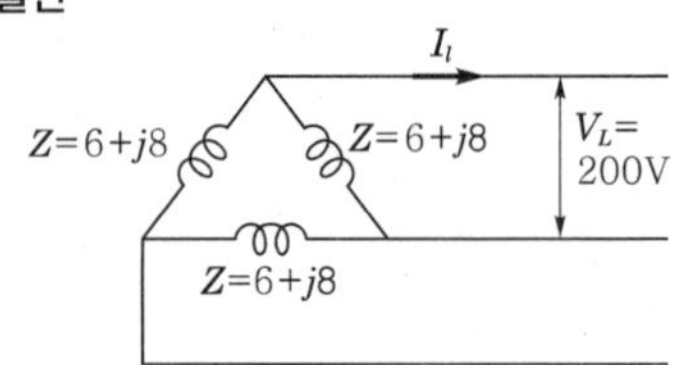

Y결선 : 선전류 $I_Y = \frac{V_l}{\sqrt{3}\,Z}$〔A〕

△결선 : 선전류 $I_\triangle = \frac{\sqrt{3}\,V_l}{Z}$〔A〕

여기서, V_l : 선간전압〔V〕, Z : 임피던스〔Ω〕

△결선이므로

$$선전류\ I_\triangle = \frac{\sqrt{3}\,V_l}{Z} = \frac{\sqrt{3}\times200}{6+j8} = \frac{\sqrt{3}\times200}{\sqrt{6^2+8^2}} = 20\sqrt{3}\,\text{A}$$

답 ④

★

35 소화펌프에 연결하는 전동기의 용량은 약 몇 kW인가? (단, 전동기 효율은 0.9, 토출량은 2.4m³/min, 전양정은 90m, 전달계수는 1.1이다.)

09.03.문34

① 36　　② 43
③ 52　　④ 63

해설 (1) **기호**

• P : ?
• η : 0.9
• Q : 2.4m³
• t : 1min=60s(2.4m³/**min**에서 t=1min)
• H : 90m
• K : 1.1

(2) **전동기 용량**

$$P\eta t = 9.8KHQ$$

여기서, P : 전동기 용량〔kW〕, η : 효율
t : 시간〔s〕, K : 여유계수
H : 전양정〔m〕, Q : 양수량〔m³〕

전동기 용량 P는

$$P=\frac{9.8KHQ}{\eta t}$$
$$=\frac{9.8\times1.1\times90\times2.4}{0.9\times60}=43.12\fallingdotseq43\text{kW}$$

답 ②

★★★
36 회로에서 스위치 S를 닫았을 때 전류계는 24A를 지시하였다. 스위치 S를 열었을 때 전류계의 지시는 약 몇 A인가?

18.03.문07
14.05.문20
07.09.문12

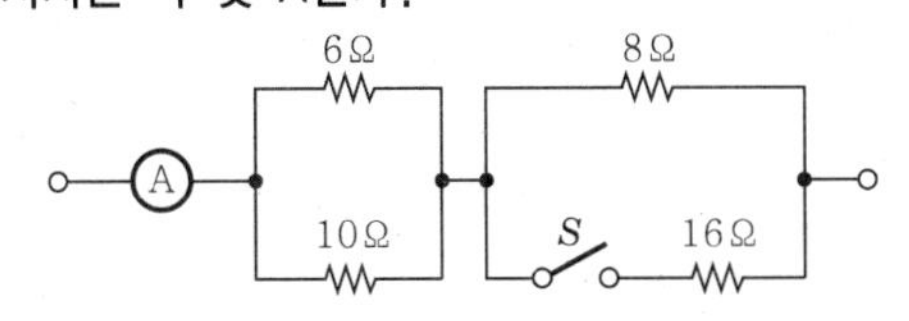

① 16　　② 18
③ 24　　④ 30

해설 (1) **기호**

- I_1 : 24A
- I_2 : ?

(2) 스위치를 닫았을 때 저항 R_T

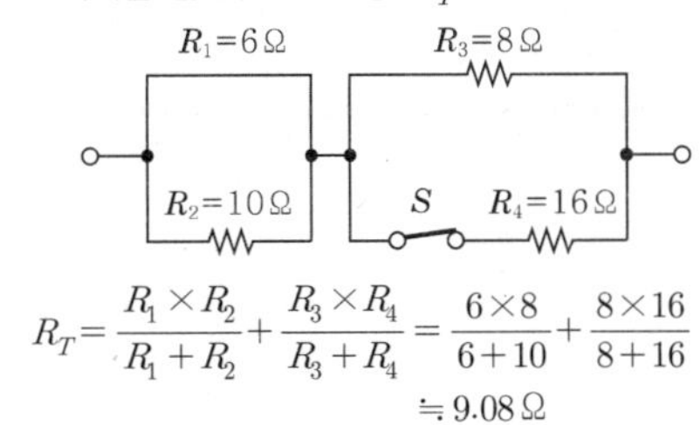

$$R_T=\frac{R_1\times R_2}{R_1+R_2}+\frac{R_3\times R_4}{R_3+R_4}=\frac{6\times8}{6+10}+\frac{8\times16}{8+16}$$
$$\fallingdotseq9.08\,\Omega$$

(3) 스위치를 열었을 때 저항 R_{T2}

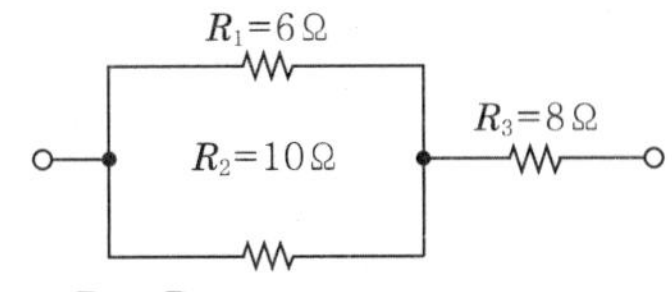

$$R_{T2}=\frac{R_1\times R_2}{R_1+R_2}+R_3=\frac{6\times10}{6+10}+8=11.75\,\Omega$$

(4) 옴의 **법칙**

$$I=\frac{V(\text{비례})}{R(\text{반비례})}\propto\frac{1}{R}$$

여기서, I : 전류[A]
V : 전압[V]
R : 저항[Ω]

(5) $I_1 : \frac{1}{R_{T_1}}=I_2 : \frac{1}{R_{T_2}}$

$24 : \frac{1}{9.08}=I_2 : \frac{1}{11.75}$

$\frac{1}{9.08}I_2=\frac{24}{11.75}$

$I_2=\frac{24}{11.75}\times9.08\fallingdotseq18.5\text{A}$ (∴ 가장 가까운 18A 선택)

답 ②

★★★
37 반파정류회로를 통해 정현파를 정류하여 얻은 반파정류파의 최대값이 1일 때, 실효값과 평균값은?

19.09.문37
15.05.문28
10.09.문39
98.10.문38

① $\frac{1}{\sqrt{2}}$, $\frac{2}{\pi}$　　② $\frac{1}{2}$, $\frac{\pi}{2}$
③ $\frac{1}{\sqrt{2}}$, $\frac{\pi}{2\sqrt{2}}$　　④ $\frac{1}{2}$, $\frac{1}{\pi}$

해설 **최대값 · 실효값 · 평균값**

파 형	최대값	실효값	평균값
① 정현파 ② 전파정류파	1	$\frac{1}{\sqrt{2}}$	$\frac{2}{\pi}$
③ 반구형파	1	$\frac{1}{\sqrt{2}}$	$\frac{1}{2}$
④ 삼각파(3각파) ⑤ 톱니파	1	$\frac{1}{\sqrt{3}}$	$\frac{1}{2}$
⑥ 구형파	1	1	1
⑦ 반파정류파	1 →	$\frac{1}{2}$	$\frac{1}{\pi}$

답 ④

★
38 다음 회로에서 전류 I는 몇 A인가?

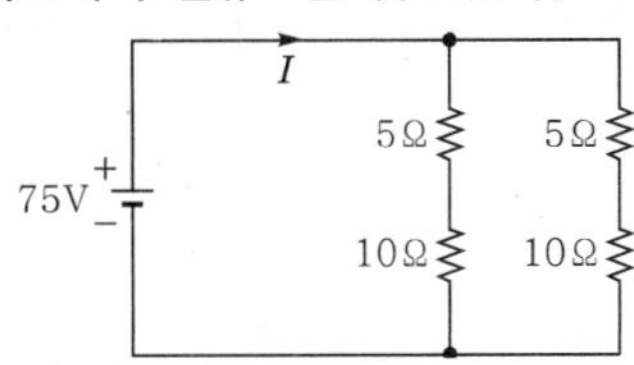

① 6　　② 8
③ 10　　④ 14

해설 회로를 이해하기 쉽도록 하기 위해 왼쪽으로 90도 돌려 보면서 그림을 다시 그리면

(1) **병렬합성저항**

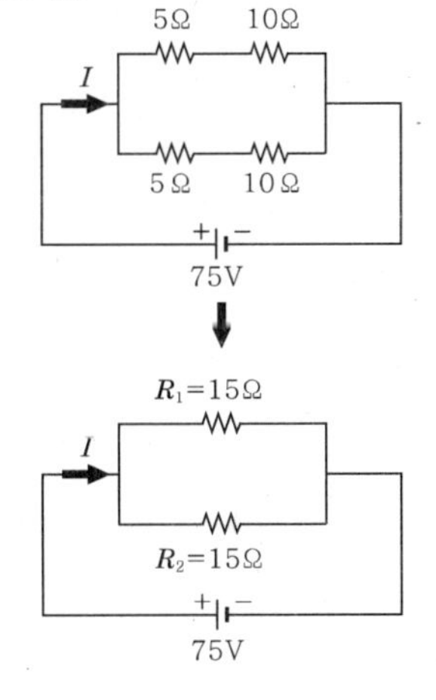

병렬합성저항 R은

$$R=\frac{R_1 \times R_2}{R_1+R_2}=\frac{15\times 15}{15+15} \fallingdotseq 7.5$$

I $R=7.5$

$V=75\text{V}$

(2) **전류**

$$I=\frac{V}{R}$$

여기서, I : 전류〔A〕
V : 전압〔V〕
R : 저항〔Ω〕

전류 I는

$$I=\frac{V}{R}=\frac{75}{7.5}=10\text{A}$$

답 ③

★★★
39 제어량이 온도, 압력, 유량 및 액면 등과 같은 일반 공업량일 때의 제어방식은?

19.04.문28
16.10.문35
16.05.문22
16.03.문32
15.05.문23
15.03.문22
14.09.문23
13.09.문27
11.03.문30

① 추종제어
② 프로세스제어
③ 프로그램제어
④ 시퀀스제어

해설 **제어량**에 의한 **분류**

분류방법	제어량
프로세스제어 (공정제어) 보기 ②	• **온**도 • **압**력 • **유**량 • **액**면 기억법 **프온압유액**
서보기구	• **위**치 • **방**위 • **자**세 기억법 **서위방자**
자동조정	• **전**압 • **전**류 • **주**파수 • **회**전속도 • **장**력 기억법 **전전주회장**

답 ②

★★★
40 그림과 같은 오디오 회로에서 스피커 저항이 8Ω이고, 증폭기 회로의 저항이 288Ω이다. 이 변압기의 권수비는?

19.04.문31
16.05.문27
16.05.문31
13.06.문33
12.03.문35
07.05.문34

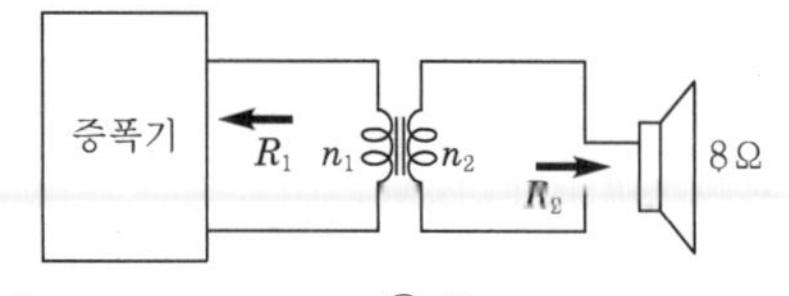

① 6 ② 7
③ 36 ④ 42

해설 (1) **기호**

- R_2 : 8Ω
- R_1 : 288Ω
- a : ?

(2) **권수비**

$$a=\frac{N_1}{N_2}=\frac{V_1}{V_2}=\frac{I_2}{I_1}=\sqrt{\frac{R_1}{R_2}}$$

여기서, a : 권수비
N_1 : 1차 코일권수
N_2 : 2차 코일권수
V_1 : 1차 교류전압〔V〕
V_2 : 2차 교류전압〔V〕
I_1 : 1차 전류〔A〕
I_2 : 2차 전류〔A〕
R_1 : 1차 저항〔Ω〕
R_2 : 2차 저항〔Ω〕

권수비 a는

$$a=\sqrt{\frac{R_1}{R_2}}=\sqrt{\frac{288}{8}}=6$$

답 ①

제 3 과목 소방관계법규

★★★
41 위험물안전관리법령에 따라 위험물안전관리자를 해임하거나 퇴직한 때에는 해임하거나 퇴직한 날부터 며칠 이내에 다시 안전관리자를 선임하여야 하는가?

22.06.문48
19.03.문59
18.03.문56
16.10.문54
16.03.문55
11.03.문56

① 30일 ② 35일
③ 40일 ④ 55일

해설 **30일**

(1) 소방시설업 등록사항 변경신고(공사업규칙 6조)
(2) **위험물안전관리자의 재선임**(위험물안전관리법 15조) 보기 ①
(3) 소방안전관리자의 재선임(화재예방법 시행규칙 14조)
(4) **도급계약 해지**(공사업법 23조)
(5) 소방시설공사 중요사항 변경시의 신고일(공사업규칙 12조)
(6) 소방기술자 실무교육기관 지정서 발급(공사업규칙 32조)
(7) 소방공사감리자 변경서류 제출(공사업규칙 15조)
(8) **승계**(위험물법 10조)
(9) 위험물안전관리자의 직무대행(위험물법 15조)
(10) 탱크시험자의 변경신고일(위험물법 16조)

답 ①

★
42 위험물안전관리법령상 제조소 또는 일반취급소의 위험물취급탱크 노즐 또는 맨홀을 신설하는 경우, 노즐 또는 맨홀의 직경이 몇 mm를 초과하는 경우에 변경허가를 받아야 하는가?

① 250 ② 300
③ 450 ④ 600

해설 **위험물규칙 〔별표 1의 2〕**
제조소 또는 일반취급소의 변경허가
(1) **제조소** 또는 **일반취급소**의 **위치**를 **이전**하는 경우
(2) 건축물의 벽·기둥·바닥·보 또는 지붕을 **증설** 또는 **철거**하는 경우
(3) **배출설비**를 **신설**하는 경우
(4) 위험물취급탱크를 신설·교체·철거 또는 보수(탱크의 본체를 절개)하는 경우
(5) 위험물취급탱크의 **노즐** 또는 **맨홀**을 신설하는 경우(노즐 또는 맨홀의 직경이 **250mm**를 초과하는 경우) 보기 ①
(6) 위험물취급탱크의 **방유제**의 **높이** 또는 방유제 내의 **면적**을 **변경**하는 경우
(7) 위험물취급탱크의 탱크전용실을 **증설** 또는 **교체**하는 경우
(8) **300m**(지상에 설치하지 아니하는 배관은 **30m**)를 초과하는 위험물배관을 신설·교체·철거 또는 보수(배관 절개)하는 경우
(9) 불활성기체의 봉입장치를 **신설**하는 경우

기억법 노맨 250mm

답 ①

★★★
43
19.04.문49
15.09.문57
10.03.문57

화재의 예방 및 안전관리에 관한 법령에 따라 소방안전관리대상물의 관계인이 소방안전관리업무에서 소방안전관리자를 선임하지 아니하였을 때 벌금기준은?

① 100만원 이하 ② 1000만원 이하
③ 200만원 이하 ④ 300만원 이하

해설 **300만원 이하의 벌금**
(1) 화재안전조사를 정당한 사유없이 거부·방해·기피(화재예방법 50조)
(2) **소방안전관리자**, **총괄소방안전관리자** 또는 **소방안전관리보조자 미선임**(화재예방법 50조) 보기 ④
(3) 위탁받은 업무종사자의 **비밀누설**(소방시설법 59조)
(4) 성능위주설계평가단 비밀누설(소방시설법 59조)
(5) 방염성능검사 합격표시 위조(소방시설법 59조)
(6) 다른 자에게 자기의 성명이나 상호를 사용하여 소방시설공사 등을 수급 또는 시공하게 하거나 소방시설업의 등록증·**등록수첩을 빌려준 자**(공사업법 37조)
(7) **감리원 미배치자**(공사업법 37조)
(8) 소방기술인정 자격수첩을 빌려준 자(공사업법 37조)
(9) **2 이상의 업체에 취업**한 자(공사업법 37조)
(10) 소방시설업자나 관계인 감독시 관계인의 업무를 방해하거나 비밀누설(공사업법 37조)

기억법 비3(비상)

답 ④

★★★
44
22.09.문56
20.09.문57
13.09.문46

소방기본법령상 소방안전교육사의 배치대상별 배치기준으로 틀린 것은?

① 소방청 : 2명 이상 배치
② 소방본부 : 2명 이상 배치
③ 소방서 : 1명 이상 배치
④ 한국소방안전원(본회) : 1명 이상 배치

해설 ④ 1명 이상 → 2명 이상

기본령 〔별표 2의 3〕
소방안전교육사의 배치대상별 배치기준

배치대상	배치기준
소방서	• **1명** 이상 보기 ③
한국소방안전원	• 시·도지부 : **1명** 이상 • 본회 : **2명** 이상 보기 ④
소방본부	• **2명** 이상 보기 ②
소방청	• **2명** 이상 보기 ①
한국소방산업기술원	• **2명** 이상

답 ④

★★★
45
21.09.문52
19.04.문49
18.04.문58
15.09.문57
10.03.문57

피난시설, 방화구획 및 방화시설을 폐쇄·훼손·변경 등의 행위를 3차 이상 위반한 자에 대한 과태료는?

① 200만원 ② 300만원
③ 500만원 ④ 1000만원

해설 **소방시설법 61조**
300만원 이하의 과태료
(1) 소방시설을 **화재안전기준**에 따라 설치·관리하지 아니한 자
(2) 피난시설, 방화구획 또는 방화시설의 **폐쇄·훼손·변경** 등의 행위를 한 자 보기 ②
(3) **임시소방시설**을 설치·관리하지 아니한 자
(4) **점검기록표**를 기록하지 아니하거나 특정소방대상물의 출입자가 쉽게 볼 수 있는 장소에 게시하지 아니한 관계인

비교

소방시설법 시행령 〔별표 11〕
피난시설, 방화구획 또는 방화시설을 폐쇄·훼손·변경 등의 행위

1차 위반	2차 위반	3차 이상 위반
100만원	200만원	300만원

답 ②

★
46
20.06.문54

소방시설공사업법령상 소방공사감리를 실시함에 있어 용도와 구조에서 특별히 안전성과 보안성이 요구되는 소방대상물로서 소방시설물에 대한 감리를 감리업자가 아닌 자가 감리할 수 있는 장소는?

① 정보기관의 청사
② 교도소 등 교정관련시설
③ 국방 관계시설 설치장소
④ 원자력안전법상 관계시설이 설치되는 장소

해설 (1) **공사업법 시행령 8조**
감리업자가 아닌 자가 감리할 수 있는 보안성 등이 요구되는 소방대상물의 시공장소 「**원자력안전법**」 제2조 제10호에 따른 **관계시설**이 설치되는 장소 보기 ④

(2) **원자력안전법 2조 10호**
"**관계시설**"이란 **원자로**의 **안전**에 **관계**되는 **시설**로서 **대통령령**으로 정하는 것을 말한다.

답 ④

★★★
47

22.03.문44
20.09.문55
19.09.문50
17.09.문49
16.05.문53
13.09.문56

화재의 예방 및 안전관리에 관한 법령상 시·도지사는 화재가 발생할 우려가 높거나 화재가 발생하는 경우 그로 인하여 피해가 클 것으로 예상되는 지역을 화재예방강화지구로 지정할 수 있는데 다음 중 지정대상지역에 대한 기준으로 틀린 것은? (단, 소방청장·소방본부장 또는 소방서장이 화재예방강화지구로 지정할 필요가 있다고 별도로 인정하는 지역은 제외한다.)

① 소방출동로가 없는 지역
② 석유화학제품을 생산하는 공장이 있는 지역
③ 석조건물이 2채 이상 밀집한 지역
④ 공장이 밀집한 지역

해설 ③ 해당 없음

화재예방법 18조
화재예방강화지구의 지정
(1) **지정권자** : 시·도지사
(2) **지정지역**
㉠ **시장**지역
㉡ **공장**·**창고** 등이 밀집한 지역 보기 ④
㉢ **목조건물**이 밀집한 지역
㉣ **노후**·**불량** 건축물이 밀집한 지역
㉤ **위험물**의 **저장** 및 **처리시설**이 **밀집**한 지역
㉥ **석유화학제품**을 생산하는 공장이 있는 지역 보기 ②
㉦ **소방시설**·**소방용수시설** 또는 **소방출동로**가 **없는** 지역 보기 ①
㉧ 「**산업입지 및 개발에 관한 법률**」에 따른 산업단지
㉨ 「물류시설의 개발 및 운영에 관한 법률」에 따른 **물류단지**
㉩ **소방청장**·**소방본부장**·**소방서장**(소방관서장)이 화재예방강화지구로 지정할 필요가 있다고 인정하는 지역

※ **화재예방강화지구** : 화재발생 우려가 크거나 화재가 발생할 경우 피해가 클 것으로 예상되는 지역에 대하여 화재의 예방 및 안전관리를 강화하기 위해 지정·관리하는 지역

비교

기본법 19조
화재로 오인할 만한 불을 피우거나 연막소독시 신고지역
(1) **시장**지역
(2) **공장**·**창고**가 밀집한 지역
(3) **목조건물**이 밀집한 지역
(4) **위험물**의 **저장** 및 **처리시설**이 **밀집**한 지역
(5) **석유화학제품**을 생산하는 공장이 있는 지역
(6) 그 밖에 **시**·**도**의 **조례**로 정하는 지역 또는 장소

답 ③

★★★
48

22.09.문54
21.09.문54
17.09.문43

소방기본법령상 최대 200만원 이하의 과태료 처분 대상이 아닌 것은?

① 한국소방안전원 또는 이와 유사한 명칭을 사용한 자
② 소방활동구역을 대통령령으로 정하는 사람 외에 출입한 사람
③ 화재진압 구조·구급 활동을 위해 사이렌을 사용하여 출동하는 소방자동차에 진로를 양보하지 아니하여 출동에 지장을 준 자
④ 화재, 재난·재해, 그 밖의 위급한 상황이 발생한 구역에 소방본부장의 피난명령을 위반한 사람

해설 ④ 100만원 이하의 벌금

200만원 이하의 **과태료**
(1) 소방용수시설·소화기구 및 설비 등의 설치명령 위반(화재예방법 52조)
(2) 특수가연물의 저장·취급 기준 위반(화재예방법 52조)
(3) 한국119청소년단 또는 이와 유사한 명칭을 사용한 자(기본법 56조)
(4) 소방활동구역 출입(기본법 56조) 보기 ②
(5) 소방자동차의 출동에 지장을 준 자(기본법 56조) 보기 ③
(6) 한국소방안전원 또는 이와 유사한 명칭을 사용한 자(기본법 56조) 보기 ①
(7) 관계서류 미보관자(공사업법 40조)
(8) **소방기술자 미배치자**(공사업법 40조)
(9) 완공검사를 받지 아니한 자(공사업법 40조)
(10) 방염성능기준 미만으로 방염한 자(공사업법 40조)
(11) 하도급 미통지자(공사업법 40조)
(12) 관계인에게 지위승계·행정처분·휴업·폐업 사실을 거짓으로 알린 자(공사업법 40조)

비교

100만원 이하의 벌금
(1) 관계인의 소방활동 미수행(기본법 20조)
(2) **피난명령** 위반(기본법 54조) 보기 ④
(3) 위험시설 등에 대한 긴급조치 방해(기본법 54조)
(4) 거짓보고 또는 자료 미제출자(공사업법 38조)
(5) 관계공무원의 출입·조사·검사 방해(공사업법 38조)

기억법 **피1**(차일**피일**)

답 ④

★★
49 위험물안전관리법령상 제조소 또는 일반취급소에서 취급하는 제4류 위험물의 최대수량의 합이 지정수량의 24만배 이상 48만배 미만인 사업소의 관계인이 두어야 하는 화학소방자동차와 자체소방대원의 수의 기준으로 옳은 것은? (단, 화재, 그 밖의 재난발생시 다른 사업소 등과 상호응원에 관한 협정을 체결하고 있는 사업소는 제외한다.)

17.05.문52
11.10.문56

① 화학소방자동차-2대, 자체소방대원의 수-10인
② 화학소방자동차-3대, 자체소방대원의 수-10인
③ 화학소방자동차-3대, 자체소방대원의 수-15인
④ 화학소방자동차-4대, 자체소방대원의 수-20인

해설 **위험물령 〔별표 8〕**
자체소방대에 두는 화학소방자동차 및 인원

구 분	화학소방자동차	자체소방대원의 수
지정수량 **3천~12만배** 미만	1대	5인
지정수량 **12~24만배** 미만	2대	10인
지정수량 **24~48만배** 미만 보기 ③	**3대**	**15인**
지정수량 **48만배** 이상	4대	20인
옥외탱크저장소에 저장하는 제4류 위험물의 최대수량이 지정수량의 50만배 이상	2대	10인

답 ③

★
50 소방기본법령상 화재, 재난·재해 그 밖의 위급한 사항이 발생한 경우 소방대가 현장에 도착할 때까지 관계인의 소방활동에 포함되지 않는 것은?

① 불을 끄거나 불이 번지지 아니하도록 필요한 조치
② 소방활동에 필요한 보호장구 지급 등 안전을 위한 조치
③ 경보를 울리는 방법으로 사람을 구출하는 조치
④ 대피를 유도하는 방법으로 사람을 구출하는 조치

② **소방본부장·소방서장·소방대장**의 업무(기본법 24조)

기본법 20조
관계인의 소방활동
(1) 불을 끔 보기 ①
(2) 불이 번지지 않도록 조치 보기 ①
(3) 사람구출(경보를 울리는 방법) 보기 ③
(4) 사람구출(대피유도 방법) 보기 ④

답 ②

★★★
51 화재의 예방 및 안전관리에 관한 법령상 소방안전관리대상물의 소방안전관리자의 업무가 아닌 것은?

21.03.문47
19.09.문01
18.04.문45
14.09.문52
14.03.문53
13.06.문48

① 자위소방대의 구성·운영·교육
② 소방시설공사
③ 소방계획서의 작성 및 시행
④ 소방훈련 및 교육

② 소방시설공사 : 소방시설공사업체

화재예방법 24조 ⑤항
관계인 및 소방안전관리자의 업무

특정소방대상물 (관계인)	소방안전관리대상물 (소방안전관리자)
① **피난시설·방화구획** 및 방화시설의 관리 ② **소방시설**, 그 밖의 소방 관련 시설의 관리 ③ **화기취급**의 감독 ④ 소방안전관리에 필요한 업무 ⑤ 화재발생시 초기대응	① **피난시설·방화구획** 및 방화시설의 관리 ② 소방시설, 그 밖의 소방 관련 시설의 관리 ③ **화기취급**의 감독 ④ 소방안전관리에 필요한 업무 ⑤ **소방계획서**의 작성 및 시행(대통령령으로 정하는 사항 포함) 보기 ③ ⑥ **자위소방대** 및 **초기대응체계**의 구성·운영·교육 보기 ① ⑦ 소방훈련 및 교육 보기 ④ ⑧ 소방안전관리에 관한 업무수행에 관한 기록·유지 ⑨ 화재발생시 초기대응

용어

특정소방대상물	소방안전관리대상물
① 다수인이 출입하는 곳으로서 소방시설 설치장소 ② 건축물 등의 규모·용도 및 수용인원 등을 고려하여 소방시설을 설치하여야 하는 소방대상물로서 대통령령으로 정하는 것	① 특급, 1급, 2급 또는 3급 소방안전관리자를 배치하여야 하는 건축물 ② **대통령령**으로 정하는 특정소방대상물

답 ②

★★★
52 위험물안전관리법령상 관계인이 예방규정을 정하여야 하는 제조소 등의 기준이 아닌 것은?

22.09.문53 20.09.문48 19.04.문53 17.03.문41 17.03.문55 15.09.문48 15.03.문58 14.05.문41 12.09.문52

① 지정수량의 10배 이상의 위험물을 취급하는 제조소
② 지정수량의 200배 이상의 위험물을 저장하는 옥외탱크저장소
③ 지정수량의 50배 이상의 위험물을 저장하는 옥외저장소
④ 지정수량의 150배 이상의 위험물을 저장하는 옥내저장소

③ 50배 이상 → 100배 이상

위험물령 15조
예방규정을 정하여야 할 제조소 등

배 수	제조소 등
10배 이상	• 제조소 [보기 ①] • 일반취급소
100배 이상	• 옥외저장소 [보기 ③]
150배 이상	• 옥내저장소 [보기 ④]
200배 이상	• 옥외탱크저장소 [보기 ②]
모두 해당	• 이송취급소 • 암반탱크저장소

기억법 1 제일
0 외
5 내
2 탱

※ **예방규정**: 제조소 등의 화재예방과 화재 등 재해발생시의 비상조치를 위한 규정

답 ③

★★
53 소방기본법령상 소방기관이 소방업무를 수행하는 데에 필요한 인력과 장비 등에 관한 기준은 어느 영으로 정하는가?

16.10.문50 06.03.문59

① 대통령령
② 행정안전부령
③ 시·도의 조례
④ 국토교통부장관령

해설 **기본법 8·9조**
(1) 소방력의 기준: **행정안전부령**
(2) 소방장비 등에 대한 국고보조 기준: **대통령령**

※ **소방력**: 소방기관이 소방업무를 수행하는 데 필요한 **인력**과 **장비**

답 ②

★★★
54 소방시설 설치 및 관리에 관한 법령에 따른 방염성능기준 이상의 실내장식물 등을 설치하여야 하는 특정소방대상물의 기준 중 틀린 것은?

22.04.문52 17.09.문41 15.09.문42 11.10.문60

① 체력단련장 ② 11층 이상인 아파트
③ 종합병원 ④ 노유자시설

② 아파트 제외

소방시설법 시행령 30조
방염성능기준 이상 적용 특정소방대상물
(1) 층수가 **11층 이상**인 것(아파트 제외 : 2026. 12. 1. 삭제) [보기 ②]
(2) 체력단련장, 공연장 및 종교집회장 [보기 ①]
(3) 문화 및 집회시설
(4) 종교시설
(5) 운동시설(수영장은 제외)
(6) 의료시설(종합병원, 정신의료기관) [보기 ③]
(7) 의원, 조산원, 산후조리원
(8) 교육연구시설 중 합숙소
(9) 노유자시설 [보기 ④]
(10) 숙박이 가능한 수련시설
(11) 숙박시설
(12) 방송국 및 촬영소
(13) 다중이용업소(단란주점영업, 유흥주점영업, 노래연습장의 영업장 등)

답 ②

★★★
55 위험물안전관리법령상 점포에서 위험물을 용기에 담아 판매하기 위하여 지정수량의 40배 이하의 위험물을 취급하는 장소의 취급소 구분으로 옳은 것은? (단, 위험물을 제조 외의 목적으로 취급하기 위한 장소이다.)

22.09.문55 20.08.문42 15.09.문44 08.09.문45

① 판매취급소 ② 주유취급소
③ 일반취급소 ④ 이송취급소

해설 **위험물령 [별표 3]**
위험물취급소의 구분

구 분	설 명
주유취급소	고정된 주유설비에 의하여 **자동차·항공기** 또는 **선박** 등의 연료탱크에 직접 주유하기 위하여 위험물을 취급하는 장소
판매취급소 [보기 ①]	**점포**에서 위험물을 용기에 담아 판매하기 위하여 지정수량의 **40배** 이하의 위험물을 취급하는 장소 기억법 **판4(판사 검사)**
이송취급소	배관 및 이에 부속된 설비에 의하여 위험물을 **이송**하는 장소
일반취급소	주유취급소·판매취급소·이송취급소 이외의 장소

답 ①

★★★
56 소방시설 설치 및 관리에 관한 법령상 제조 또는 가공공정에서 방염처리를 한 물품 중 방염대상 물품이 아닌 것은?

22.04.문59 15.09.문09 13.09.문52 13.06.문53 12.09.문46 12.05.문46 12.03.문44

① 카펫
② 전시용 합판
③ 창문에 설치하는 커튼류
④ 두께 2mm 미만인 종이벽지

해설

④ 두께 2mm 미만인 종이벽지 → 두께 2mm 미만인 종이벽지 제외

소방시설법 시행령 31조
방염대상물품

제조 또는 **가공** 공정에서 방염처리를 한 물품	건축물 내부의 천장이나 벽에 부착하거나 설치하는 것
① 창문에 설치하는 **커튼류**(블라인드 포함) 보기 ③ ② 카펫 보기 ① ③ **벽지류**(두께 **2mm 미만인 종이벽지 제외**) 보기 ④ ④ **전시용 합판 · 목재** 또는 **섬유판** 보기 ② ⑤ **무대용 합판 · 목재** 또는 **섬유판** ⑥ **암막 · 무대막**(영화상영관 · 가상체험 체육시설업의 **스크린** 포함) ⑦ 섬유류 또는 합성수지류 등을 원료로 하여 제작된 소파 · 의자(단란주점영업, 유흥주점영업 및 노래연습장업의 영업장에 설치하는 것만 해당)	① 종이류(두께 **2mm 이상**), **합성수지류** 또는 **섬유류**를 주원료로 한 물품 ② **합판**이나 **목재** ③ 공간을 구획하기 위하여 설치하는 **간이칸막이** ④ **흡음재**(흡음용 커튼 포함) 또는 **방음재**(방음용 커튼 포함) ※ 가구류(옷장, 찬장, 식탁, 식탁용 의자, 사무용 책상, 사무용 의자, 계산대)와 너비 10cm 이하인 반자돌림대, 내부 마감재료 제외

답 ④

★★★
57 소방시설공사업법령상 지하층을 포함한 층수가 16층 이상 40층 미만인 특정소방대상물의 소방시설 공사현장에 배치하여야 할 소방공사 책임감리원의 배치기준에서 ( ) 안에 들어갈 등급으로 옳은 것은?

17.05.문54 17.03.문60 13.06.문55

> 행정안전부령으로 정하는 ( )감리원 이상의 소방공사감리원(기계분야 및 전기분야)

① 특급　　② 중급
③ 고급　　④ 초급

해설

공사업령 〔별표 4〕
소방공사감리원의 배치기준

공사현장	배치기준	
	책임감리원	보조감리원
• 연면적 5천m^2 미만 • **지하구**	**초급**감리원 이상 (기계 및 전기)	
• 연면적 **5천~3만m^2** 미만	**중급**감리원 이상 (기계 및 전기)	
• **물분무등소화설비**(호스릴 제외) 설치 • **제연설비** 설치 • 연면적 **3만~20만m^2** 미만 (아파트)	**고급**감리원 이상 (기계 및 전기)	**초급**감리원 이상 (기계 및 전기)
• 연면적 **3만~20만m^2** 미만 (아파트 제외) • **16~40층** 미만(지하층 포함) 보기 ①	**특급**감리원 이상 (기계 및 전기)	**초급**감리원 이상 (기계 및 전기)
• 연면적 **20만m^2** 이상 • **40층** 이상(지하층 포함)	특급감리원 중 **소방기술사**	**초급**감리원 이상 (기계 및 전기)

비교

공사업령 〔별표 2〕
소방기술자의 배치기준

공사현장	배치기준
• 연면적 **1천m^2** 미만	소방기술인정자격수첩 발급자
• 연면적 **1천~5천m^2** 미만 (아파트 제외) • 연면적 **1천~1만m^2** 미만 (아파트) • **지하구**	**초급**기술자 이상 (기계 및 전기분야)
• **물분무등소화설비**(호스릴 제외) 또는 **제연설비** 설치 • 연면적 **5천~3만m^2** 미만 (아파트 제외) • 연면적 **1만~20만m^2** 미만 (아파트)	**중급**기술자 이상 (기계 및 전기분야)
• 연면적 **3만~20만m^2** 미만 (아파트 제외) • **16~40층** 미만(지하층 포함)	**고급**기술자 이상 (기계 및 전기분야)
• 연면적 **20만m^2** 이상 • **40층** 이상(지하층 포함)	**특급**기술자 이상 (기계 및 전기분야)

답 ①

★★
58 소방시설 설치 및 관리에 관한 법률상 시 · 도지사는 소방시설관리업자에게 영업정지를 명하는 경우로서 그 영업정지가 국민에게 심한 불편을 주거나 그 밖에 공익을 해칠 우려가 있을 때에는 영업정지처분을 갈음하여 얼마 이하의 과징금을 부과할 수 있는가?

17.09.문52 17.05.문57

① 1000만원
② 2000만원
③ 3000만원
④ 5000만원

해설 **소방시설법 36조, 위험물법 13조, 공사업법 10조**
과징금

3000만원 이하 보기 ③	2억원 이하
• **소방시설관리업** 영업정지처분 갈음	• **제조소** 사용정지처분 갈음 • **소방시설업** 영업정지처분 갈음

중요

소방시설업
(1) 소방시설설계업
(2) 소방시설공사업
(3) 소방공사감리업
(4) 방염처리업

답 ③

59 소방기본법 제1장 총칙에서 정하는 목적의 내용으로 거리가 먼 것은?

21.09.문50
15.05.문50
13.06.문60

① 구조, 구급 활동 등을 통하여 공공의 안녕 및 질서 유지
② 풍수해의 예방, 경계, 진압에 관한 계획, 예산지원 활동
③ 구조, 구급 활동 등을 통하여 국민의 생명, 신체, 재산 보호
④ 화재, 재난, 재해 그 밖의 위급한 상황에서의 구조, 구급 활동

해설 **기본법 1조**
소방기본법의 목적
(1) 화재의 **예방**·**경계**·**진압**
(2) 국민의 **생명**·**신체** 및 **재산보호** 보기 ③
(3) 공공의 안녕 및 질서 유지와 **복리증진** 보기 ①
(4) **구조**·**구급**활동 보기 ④

기억법 **예경진(경진이한테 예를 갖춰라!)**

답 ②

60 소방용수시설 중 소화전과 급수탑의 설치기준으로 틀린 것은?

19.03.문58
17.03.문54
16.10.문55
09.08.문43

① 급수탑 급수배관의 구경은 100mm 이상으로 할 것
② 소화전은 상수도와 연결하여 지하식 또는 지상식의 구조로 할 것
③ 소방용 호스와 연결하는 소화전의 연결금속구의 구경은 65mm로 할 것
④ 급수탑의 개폐밸브는 지상에서 1.5m 이상 1.8m 이하의 위치에 설치할 것

해설 ④ 1.8m 이하 → 1.7m 이하

기본규칙 [별표 3]
소방용수시설별 설치기준

소화전	급수탑
• 65mm : 연결금속구의 구경	• 100mm : 급수배관의 구경 • 1.5~1.7m 이하 : 개폐밸브 높이 기억법 57탑(57층 탑)

답 ④

제 4 과목 소방전기시설의 구조 및 원리

61 누전경보기의 형식승인 및 제품검사의 기술기준에서 정하는 누전경보기의 공칭작동전류치(누전경보기를 작동시키기 위하여 필요한 누설전류의 값으로서 제조자에 의하여 표시된 값을 말한다.)는 몇 mA 이하이어야 하는가?

22.04.문74
21.05.문78
16.03.문77
15.05.문79
10.03.문76

① 50 ② 100
③ 150 ④ 200

해설 **누전경보기**

공칭작동전류치	감도조정장치의 조정범위
200mA 이하 보기 ④	1A(1000mA) 이하

기억법 **공2**

참고

검출누설전류 설정치 범위

경계전로	중성점 접지선
100~400mA	400~700mA

답 ④

62 누전경보기의 화재안전기준 중 누전경보기의 설치방법 및 전원기준으로 틀린 것은?

16.03.문74
11.03.문65

① 경계전로의 정격전류가 60A를 초과하는 전로에 있어서는 1급 누전경보기를 설치할 것
② 경계전로의 정격전류가 60A 이하의 전로에 있어서는 1급 또는 2급 누전경보기를 설치할 것
③ 전원은 분전반으로부터 전용회로로 하고, 각 극에 개폐기 및 20A 이하의 과전류차단기를 설치할 것
④ 전원을 분기할 때에는 다른 차단기에 따라 전원이 차단되지 아니하도록 할 것

해설

③ 20A 이하 → 15A 이하

누전경보기의 **설치방법**

60A 초과	60A 이하
1급 누전경보기 설치 보기 ①	**1급** 또는 **2급** 누전경보기 설치 보기 ②

(1) 변류기는 옥외인입선의 **제1지점**의 **부하측** 또는 제2종 **접지선측**의 점검이 쉬운 위치에 설치할 것
(2) 옥외전로에 설치하는 변류기는 **옥외형**으로 설치할 것
(3) 각 극에 **개폐기** 및 **15A** 이하의 **과전류차단기**를 설치할 것(**배선용 차단기**는 **20A** 이하) 보기 ③

과전류차단기	배선용 차단기
개폐기 및 15A 이하	20A 이하

답 ③

63 발신기의 외함을 합성수지를 사용하는 경우 외함의 최소두께는 몇 mm 이상이어야 하는가?

19.09.문65
17.05.문80

① 5　　② 3
③ 1.6　　④ 1.2

② 합성수지를 사용하므로 외함두께는 **3mm** 이상

발신기의 **구조** 및 **일반기능**(발신기 형식승인 4조)
발신기의 외함에 강판을 사용하는 경우에는 다음에 기재된 두께 이상의 강판을 사용하여야 한다(단, 합성수지를 사용하는 경우에는 강판의 **2.5배** 이상의 두께일 것).
(1) 외함 **1.2mm** 이상
(2) 직접 벽면에 접하여 벽 속에 매립되는 외함의 부분은 **1.6mm** 이상

중요

발신기의 **외함두께**

강 판		합성수지	
외 함	외함(벽 속 매립)	외 함	외함(벽 속 매립)
1.2mm 이상	1.6mm 이상	3mm 이상 보기 ②	4mm 이상

답 ②

64 비상경보설비 및 단독경보형 감지기의 화재안전기준에 따라 비상벨설비 또는 자동식 사이렌설비의 전원회로 배선 중 내열배선에 사용하는 전선의 종류가 아닌 것은?

20.06.문78

① 버스덕트(bus duct)
② 600V 1종 비닐절연전선
③ 0.6/1kV EP 고무절연 클로로프렌 시스 케이블
④ 450/750V 저독성 난연 가교 폴리올레핀 절연전선

② 해당 없음

(1) **비상벨설비** 또는 **자동식 사이렌설비**의 **배선**(NFTC 201 2.1.8.1)
전원회로의 배선은 「옥내소화전설비의 화재안전기술기준[NFTC 102 2.7.2(1)]」에 따른 내화배선에 의하고 그 밖의 배선은 「옥내소화전설비의 화재안전기술기준[NFTC 102 2.7.2(1), 2.7.2(2)]」에 따른 **내화배선** 또는 **내열배선**에 따를 것
(2) **옥내소화전설비**의 **화재안전기술기준**(NFTC 102 2.7.2)

‖ 내열배선 ‖

사용전선의 종류	공사방법
① 450/750V 저독성 난연 가교 폴리올레핀 절연전선 보기 ④ ② 0.6/1kV 가교 폴리에틸렌 절연 저독성 난연 폴리올레핀 시스 전력 케이블 ③ 6/10kV 가교 폴리에틸렌 절연 저독성 난연 폴리올레핀 시스 전력용 케이블 ④ 가교 폴리에틸렌 절연 비닐시스 트레이용 난연 전력 케이블 ⑤ 0.6/1kV EP 고무절연 클로로프렌 시스 케이블 보기 ③ ⑥ 300/500V 내열성 실리콘 고무절연전선(180℃) ⑦ 내열성 에틸렌-비닐 아세테이트 고무절연 케이블 ⑧ 버스덕트(bus duct) 보기 ① ⑨ 기타 「전기용품안전관리법」 및 「전기설비기술기준」에 따라 동등 이상의 내열성능이 있다고 주무부장관이 인정하는 것	**금속관**·**금속제 가요전선관**·**금속덕트** 또는 **케이블**(불연성 덕트에 설치하는 경우에 한한다) **공사** 방법에 따라야 한다. 단, 다음의 기준에 적합하게 설치하는 경우에는 그러하지 아니하다. ① 배선을 내화성능을 갖는 배선전용실 또는 배선용 샤프트·피트·덕트 등에 설치하는 경우 ② 배선전용실 또는 배선용 샤프트·피트·덕트 등에 다른 설비의 배선이 있는 경우에는 이로부터 **15cm** 이상 떨어지게 하거나 소화설비의 배선과 이웃하는 다른 설비의 배선 사이에 배선지름(배선의 지름이 다른 경우에는 지름이 가장 큰 것을 기준으로 한다)의 **1.5배** 이상의 높이의 **불연성 격벽**을 설치하는 경우
내화전선	**케이블공사**

비교

내화배선

사용전선의 종류	공사방법
① 450/750V 저독성 난연 가교 폴리올레핀 절연전선 ② 0.6/1kV 가교 폴리에틸렌 절연 저독성 난연 폴리올레핀 시스 전력 케이블 ③ 6/10kV 가교 폴리에틸렌 절연 저독성 난연 폴리올레핀 시스 전력용 케이블 ④ 가교 폴리에틸렌 절연 비닐시스 트레이용 난연 전력 케이블 ⑤ 0.6/1kV EP 고무절연 클로로프렌 시스 케이블 ⑥ 300/500V 내열성 실리콘 고무절연전선 (180℃) ⑦ 내열성 에틸렌-비닐 아세테이트 고무절연 케이블 ⑧ 버스덕트(bus duct) ⑨ 기타 「전기용품안전관리법」 및 「전기설비기술기준」에 따라 동등 이상의 내화성능이 있다고 주무부장관이 인정하는 것	**금속관** · **2종 금속제 가요전선관** 또는 **합성수지관**에 수납하여 내화구조로 된 벽 또는 바닥 등에 벽 또는 바닥의 표면으로부터 **25mm** 이상의 깊이로 매설하여야 한다. 기억법 **금2가합25** 단, 다음의 기준에 적합하게 설치하는 경우에는 그러하지 아니하다. ① 배선을 **내**화성능을 갖는 배선**전**용실 또는 배선용 **샤**프트 · **피**트 · **덕**트 등에 설치하는 경우 ② 배선전용실 또는 배선용 샤프트 · 피트 · 덕트 등에 **다**른 설비의 배선이 있는 경우에는 이로부터 **15cm** 이상 떨어지게 하거나 소화설비의 배선과 이웃하는 다른 설비의 배선 사이에 배선지름(배선의 지름이 다른 경우에는 가장 큰 것을 기준으로 한다)의 **1.5배** 이상의 높이의 **불연성 격벽**을 설치하는 경우 기억법 **내전샤피덕 다15**
내화전선	**케이블공사**

답 ②

★★★
65 자동화재탐지설비 및 시각경보장치의 화재안전기준에 따른 공기관식 차동식 분포형 감지기의 설치기준으로 틀린 것은?

20.06.문63 19.03.문72 17.03.문61 15.05.문69 12.05.문66 11.03.문78 01.03.문63 98.07.문75 97.03.문68

① 검출부는 3° 이상 경사되지 아니하도록 부착할 것
② 공기관의 노출부분은 감지구역마다 20m 이상이 되도록 할 것
③ 하나의 검출부분에 접속하는 공기관의 길이는 100m 이하로 할 것
④ 공기관과 감지구역의 각 변과의 수평거리는 1.5m 이하가 되도록 할 것

해설 ① 3° 이상 → 5° 이상

감지기 설치기준(NFPC 203 7조, NFTC 203 2.4.3.3~2.4.3.7)

(1) 공기관의 노출부분은 감지구역마다 20m 이상이 되도록 할 것 보기 ②
(2) 하나의 검출부분에 접속하는 공기관의 길이는 100m 이하로 할 것 보기 ③
(3) 공기관과 감지구역의 각 변과의 수평거리는 1.5m 이하가 되도록 할 것 보기 ④
(4) 감지기(**차동식 분포형** 및 **특수한 것** 제외)는 실내로의 공기유입구로부터 **1.5m** 이상 떨어진 위치에 설치
(5) 감지기는 천장 또는 반자의 옥내의 면하는 부분에 설치
(6) **보상식 스포트형 감지기**는 정온점이 감지기 주위의 평상시 최고온도보다 **20℃** 이상 높은 것으로 설치
(7) **정온식 감지기는 주방 · 보일러실** 등으로 다량의 화기를 단속적으로 취급하는 장소에 설치하되, 공칭작동온도가 최고주위온도보다 **20℃** 이상 높은 것으로 설치
(8) 스포트형 감지기는 **45°** 이상 경사지지 않도록 부착
(9) **공기관식** 차동식 분포형 감지기 설치시 공기관은 **도중**에서 **분기**하지 않도록 부착
(10) **공기관식** 차동식 분포형 감지기의 검출부는 **5°** 이상 경사되지 않도록 설치 보기 ①

중요

경사제한각도

공기관식 감지기의 검출부	스포트형 감지기
5° 이상	45° 이상

답 ①

★★★
66 노유자시설로서 바닥면적이 몇 m^2 이상인 층이 있는 경우에 자동화재속보설비를 설치하는가?

16.03.문63 14.05.문58 12.05.문79

① 200 ② 300
③ 500 ④ 600

해설 **소방시설법 시행령 [별표 4]**
자동화재**속**보설비의 설치대상

설치대상	조 건
① **수**련시설(숙박시설이 있는 것) ② **노**유자시설(노유자생활시설 제외) 보기 ③ ③ 정신병원 및 의료재활시설	바닥면적 **5**00m^2 이상
④ 목조건축물	국보 · 보물
⑤ 노유자생활시설 ⑥ 종합병원, 병원, 치과병원, 한방병원 및 요양병원(의료재활시설 제외) ⑦ 의원, 치과의원 및 한의원(입원실이 있는 시설) ⑧ 조산원 및 산후조리원 ⑨ 전통시장	전부

기억법 **5수노속**

답 ③

★★
67 비상방송설비의 화재안전기준에 따라 기동장치에 따른 화재신고를 수신한 후 필요한 음량으로 화재발생 상황 및 피난에 유효한 방송이 자동으로 개시될 때까지의 소요시간은 몇 초 이하로 하여야 하는가?

20.09.문64 12.03.문64

① 3 ② 5
③ 7 ④ 10

해설 소요시간

기 기	시 간
P형·P형 복합식·R형·R형 복합식·GP형·GP형 복합식·GR형·GR형 복합식	5초 이내 (축적형 60초 이내)
중계기	5초 이내
비상방송설비	10초 이하 보기 ④
가스누설경보기	60초 이내

기억법 시중5(시중을 드시오!)
6가(육체미가 뛰어나다.)

답 ④

68

16.10.문61 15.09.문65 15.03.문73 13.06.문77

비상콘센트의 플러그접속기는 단상교류 220V의 것에 있어서 접지형 몇 극 플러그접속기를 사용하여야 하는가?

① 1극 ② 2극
③ 3극 ④ 4극

해설 **비상콘센트**의 **규격**

구 분	전 압	용 량	플러그접속기
단상교류	220V	1.5kVA 이상	접지형 2극 보기 ②

(1) 하나의 전용회로에 설치하는 비상콘센트는 **10개** 이하로 할 것
(2) 풀박스는 **1.6mm** 이상의 철판을 사용할 것
(3) 전원회로는 각 층에 있어서 **2** 이상이 되도록 설치할 것
(4) 콘센트마다 배선용 차단기를 설치하며, 충전부가 **노출되지 아니하도록** 할 것

답 ②

69

20.08.문73 17.03.문76 11.06.문76

피난구유도등의 설치 제외기준 중 틀린 것은?

① 거실 각 부분으로부터 하나의 출입구에 이르는 보행거리가 20m 이하이고 비상조명등과 유도표지가 설치된 거실의 출입구
② 바닥면적이 $1000m^2$ 미만인 층으로서 옥내로부터 직접 지상으로 통하는 출입구(외부의 식별이 용이하지 않은 경우에 한함)
③ 출입구가 2 이상 있는 거실로서 그 거실 각 부분으로부터 하나의 출입구에 이르는 보행거리가 10m 이하인 경우에는 주된 출입구 2개소 외의 출입구(유도표지가 부착된 출입구)
④ 대각선 길이가 15m 이내인 구획된 실의 출입구

해설 ③ 2 이상 → 3 이상, 10m 이하 → 30m 이하

피난구유도등의 **설치 제외 장소**
(1) 옥내에서 직접 지상으로 통하는 출입구(바닥면적 $1000m^2$ 미만 층) 보기 ②
(2) **대각선** 길이가 **15m 이내**인 구획된 실의 출입구 보기 ④
(3) 비상조명등 · 유도표지가 설치된 거실 출입구(거실 각 부분에서 출입구까지의 **보행거리 20m** 이하) 보기 ①
(4) 출입구가 **3 이상**인 거실(거실 각 부분에서 출입구까지의 **보행거리 30m** 이하는 주된 출입구 **2개소 외**의 출입구) 보기 ③

비교

(1) **휴대용 비상조명등**의 **설치 제외 장소** : 복도·통로·창문 등을 통해 **피**난이 용이한 경우(**지상 1층·피난층**)

기억법 휴피(휴지로 피닦아!)

(2) **통로유도등**의 **설치 제외 장소**
㉠ 길이 **30m** 미만의 복도·통로(구부러지지 않은 복도·통로)
㉡ 보행거리 **20m** 미만의 복도·통로(출입구에 **피난구유도등**이 설치된 복도·통로)

(3) **객석유도등**의 **설치 제외 장소**
㉠ **채광**이 충분한 객석(**주간**에만 사용)
㉡ **통**로유도등이 설치된 객석(거실 각 부분에서 거실 출입구까지의 **보행거리 20m** 이하)

기억법 채객보통(채소는 객관적으로 보통이다.)

(4) **피난구유도등**의 **설치장소**(NFPC 303 5조, NFTC 303 2.2.1)

설치장소	도 해
옥내로부터 직접 지상으로 통하는 출입구 및 그 부속실의 출입구	옥외 / 실내
직통계단·직통계단의 **계단실** 및 그 부속실의 출입구	복도 / 계단
출입구에 이르는 **복도** 또는 **통로**로 통하는 출입구	거실 / 복도
안전구획된 거실로 통하는 출입구	출구 / 방화문

기억법 피옥직안출

답 ③

★★★
70 누전경보기의 형식승인 및 제품검사의 기술기준에 따라 누전경보기의 변류기(단, 경계전로의 전선을 그 변류기에 관통시키는 것은 제외한다)는 경계전로에 정격전류를 흘리는 경우, 그 경계전로의 전압강하는 몇 V 이하이어야 하는가?

20.08.문79 16.05.문80 12.03.문76

① 0.3　② 0.5
③ 1.0　④ 3.0

해설 **대상**에 따른 **전압**

전 압	대 상
0.5V 이하	• 누전경보기의 **경**계전로 **전**압강하 보기 ②
0.6V 이하	• 완전방전
60V 초과	• 접지단자 설치
300V 이하	• 전원**변**압기의 1차 전압 • 유도등 · 비상조명등의 사용전압
600V 이하	• **누**전경보기의 경계전로전압

기억법 05경전(공오경전), 변3(변상해), 누6(누륙)

답 ②

★★★
71 자동화재탐지설비의 화재안전기준에서 사용하는 용어의 정의를 설명한 것이다. 다음 중 옳지 않은 것은?

19.03.문68 14.09.문68 09.08.문69 07.09.문64

① "경계구역"이란 특정소방대상물 중 화재신호를 발신하고 그 신호를 수신 및 유효하게 제어할 수 있는 구역을 말한다.
② "중계기"란 감지기·발신기 또는 전기적 접점 등의 작동에 따른 신호를 받아 이를 수신기의 제어반에 전송하는 장치를 말한다.
③ "감지기"란 화재시 발생하는 열, 연기, 불꽃 또는 연소생성물을 자동적으로 감지하여 수신기에 발신하는 장치를 말한다.
④ "시각경보장치"란 자동화재탐지설비에서 발하는 화재신호를 시각경보기에 전달하여 시각장애인에게 경보를 하는 것을 말한다.

해설 ④ 시각장애인 → 청각장애인

시각경보장치
자동화재탐지설비에서 발하는 화재신호를 시각경보기에 전달하여 **청각장애인**에게 점멸형태의 시각경보를 하는 것

기억법 시청

답 ④

★
72 무선통신보조설비의 화재안전기준에 따른 옥외안테나의 설치기준으로 옳지 않은 것은?

20.08.문63

① 건축물, 지하가, 터널 또는 공동구의 출입구 및 출입구 인근에서 통신이 가능한 장소에 설치할 것
② 다른 용도로 사용되는 안테나로 인한 통신장애가 발생하지 않도록 설치할 것
③ 옥외안테나는 견고하게 설치하며 파손의 우려가 없는 곳에 설치하고 그 가까운 곳의 보기 쉬운 곳에 "옥외안테나"라는 표시와 함께 통신가능거리를 표시한 표지를 설치할 것
④ 수신기가 설치된 장소 등 사람이 상시 근무하는 장소에는 옥외안테나의 위치가 모두 표시된 옥외안테나 위치표시도를 비치할 것

해설 ③ 옥외안테나 → 무선통신보조설비 안테나

무선통신보조설비 옥외안테나 설치기준(NFPC 505 6조, NFTC 505 2.3.1)
(1) **건축물**, **지하가**, **터널** 또는 공동구의 출입구 및 출입구 인근에서 통신이 가능한 장소에 설치할 것 보기 ①
(2) 다른 용도로 사용되는 안테나로 인한 **통신장애**가 발생하지 않도록 설치할 것 보기 ②
(3) 옥외안테나는 견고하게 설치하며 파손의 우려가 없는 곳에 설치하고 그 가까운 곳의 보기 쉬운 곳에 **"무선통신보조설비 안테나"**라는 표시와 함께 통신가능거리를 표시한 표지를 설치할 것 보기 ③
(4) 수신기가 설치된 장소 등 사람이 상시 근무하는 장소에는 옥외안테나의 위치가 모두 표시된 옥외안테나 **위치표시도**를 비치할 것 보기 ④

답 ③

★★★
73 통로유도등은 소방대상물의 각 거실과 그로부터 지상에 이르는 복도 또는 계단의 통로에 설치하여야 한다. 다음 중 설치기준으로 옳지 않은 것은?

19.09.문69 16.10.문64 14.09.문66 14.05.문67 14.03.문80 11.03.문68 08.05.문69

① 계단통로유도등은 바닥으로부터 1m 이하의 위치에 설치할 것
② 거실통로유도등은 바닥으로부터 높이 1m 이하의 위치에 설치할 것
③ 복도통로유도등은 구부러진 모퉁이 및 보행거리 20m마다 설치할 것
④ 거실통로유도등은 구부러진 모퉁이 및 보행거리 20m마다 설치할 것

해설 ② 1m 이하 → 1.5m 이상

거실통로유도등의 설치기준

(1) **거실**의 **통로**에 설치할 것(단, 거실의 통로가 **벽체** 등으로 **구획**된 경우에는 **복도통로유도등** 설치)
(2) 구부러진 **모**퉁이 및 **보행거리 20m**마다 설치할 것
(3) 바닥으로부터 **높**이 **1.5m** 이상의 위치에 설치할 것(단, **거실통로**에 **기둥**이 설치된 경우에는 기둥부분의 바닥으로부터 높이 **1.5m 이하**의 위치에 설치 가능) 보기 ②

기억법 **거통복 모거높**

중요

(1) **설치높이**

구 분	설치높이
계단통로유도등 · 복도통로유도등 · 통로유도표지	바닥으로부터 높이 1m 이하
피난구유도등	피난구의 바닥으로부터 높이 1.5m 이상
거실통로유도등	바닥으로부터 높이 **1.5m** 이상 (단, 거실통로의 기둥은 1.5m 이하)
피난구유도표지	출입구 상단

기억법 **계복1, 피유15상**

(2) **설치거리**

구 분	설치거리
복도통로유도등	구부러진 모퉁이 및 피난구유도등이 설치된 출입구의 맞은편 복도에 입체형 또는 바닥에 설치한 통로유도등을 기점으로 **보행거리 20m**마다 설치
거실통로유도등	구부러진 모퉁이 및 **보행거리 20m**마다 설치
계단통로유도등	각 층의 **경사로참** 또는 **계단참**마다 설치

답 ②

74 (16.05.문66 16.03.문76 14.09.문61 12.09.문63)

누전경보기의 화재안전기준에 따라 누전경보기의 수신부를 설치할 수 있는 장소는? (단, 해당 누전경보기에 대하여 방폭 · 방식 · 방습 · 방온 · 방진 및 정전기 차폐 등의 방호조치를 하지 않은 경우이다.)

① 옥내의 건조한 장소
② 화약류를 제조하거나 저장 또는 취급하는 장소
③ 부식성의 증기 · 가스 등이 다량으로 체류하는 장소
④ 온도의 변화가 급격한 장소

해설 **누전경보기 수신부**의 **설치장소**
옥내의 점검이 편리한 **건조**한 장소(옥내의 건조한 장소) 보기 ①

비교

누전경보기의 수신부 설치 제외 장소
(1) **온**도변화가 급격한 장소
(2) **습**도가 높은 장소
(3) **가**연성의 증기, 가스 등 또는 부식성의 증기, 가스 등의 다량 체류장소
(4) **대전류회로, 고주파 발생회로** 등의 영향을 받을 우려가 있는 장소
(5) **화**약류 제조, 저장, 취급 장소

기억법 **온습누가대화**(온도 · 습도가 높으면 누가 대화하나?)

답 ①

75 (21.03.문79 20.08.문80)

비상콘센트설비의 성능인증 및 제품검사의 기술기준에 따른 비상콘센트설비의 구조 및 기능에 대한 설명으로 틀린 것은?

① 보수 및 부속품의 교체가 쉬워야 한다.
② 기기 내의 비상전원 공급용 배선은 내열배선으로 하여야 한다.
③ 부품의 부착은 기능에 이상을 일으키지 아니하고 쉽게 풀리지 아니하도록 하여야 한다.
④ 충전부는 노출되지 아니하도록 하여야 한다.

해설 ② 내열배선 → 내화배선

비상콘센트설비의 **성능인증** 및 **제품검사**의 **기술기준 3조**
비상콘센트설비의 구조 및 기능
(1) 작동이 확실하고 취급 점검이 쉬워야 하며 현저한 잡음이나 장해전파를 발하지 아니하여야 한다.
(2) 보수 및 부속품의 교체가 쉬워야 한다. 보기 ①
(3) 부식에 의하여 기계적 기능에 영향을 초래할 우려가 있는 부분은 칠, 도금 등으로 유효하게 내식가공을 하거나 방청가공을 하여야 하며 전기적 기능에 영향이 있는 단자, 나사 및 와셔 등은 **동합금**이나 이와 동등 이상의 **내식성능**이 있는 재질 사용
(4) 기기 내의 비상전원 공급용 배선은 **내화배선**으로, 그 밖의 배선은 **내화배선** 또는 **내열배선**으로 하여야 하며, 배선의 접속이 정확하고 확실하여야 한다. 보기 ②
(5) 부품의 부착은 기능에 이상을 일으키지 아니하고 쉽게 풀리지 아니하도록 하여야 한다. 보기 ③
(6) 전선 이외의 전류가 흐르는 부분과 가동축 부분의 접촉력이 충분하지 아니한 곳에는 접촉부의 접촉불량을 방지하기 위한 적당한 조치를 하여야 한다.
(7) 충전부는 노출되지 아니하도록 하여야 한다. 보기 ④
(8) 비상콘센트설비의 각 접속기(콘센트를 말함)마다 **배선용 차단기**를 설치하여야 한다.
(9) 수납형이 아닌 비상콘센트설비는 외함에 쉽게 개폐할 수 있도록 **문**을 설치하여야 한다.
(10) 외함(수납형의 부품 지지판 포함)은 방청가공을 한 두께 **1.6mm** 이상의 **강판**, 두께 **1.2mm** 이상의 **스테인리스판** 또는 두께 **3mm** 이상의 자기소화성이 있는 **합성수지** 사용

‖ 외함두께 ‖

스테인리스판	강판	합성수지
1.2mm 이상	1.6mm 이상	3mm 이상

(11) 외함의 전면 상단에 주전원을 감시하는 **적색**의 표시등 설치(단, **수납형**의 경우에는 주전원을 감시하는 표시등을 접속할 수 있는 단자만을 설치할 수 있음)
(12) 외함의 재질이 강판 등 금속재인 경우에는 **접지단자**를 설치하여야 한다.
(13) 외함에는 **"비상콘센트설비"**(수납형은 **"비상콘센트설비(수납형)"**)라고 표시한 표지를 하여야 한다.

답 ②

★★★
76
17.05.문72
12.03.문71
03.08.문70

자동화재탐지설비 및 시각경보장치의 화재안전기준에 따른 열전대식 차동식 분포형 감지기의 시설기준이다. 다음 ( )에 들어갈 내용으로 옳은 것은? (단, 주요구조부가 내화구조로 된 특정소방대상물이 아닌 경우이다.)

> 열전대부는 감지구역의 바닥면적 (㉠)m^2 마다 1개 이상으로 할 것. 다만, 바닥면적이 (㉡)m^2 이하인 특정소방대상물에 있어서는 (㉢)개 이상으로 하여야 한다.

① ㉠ 22, ㉡ 88, ㉢ 7
② ㉠ 18, ㉡ 80, ㉢ 5
③ ㉠ 18, ㉡ 72, ㉢ 4
④ ㉠ 22, ㉡ 88, ㉢ 20

해설 **열전대식 감지기**의 **설치기준**(NFPC 203 제7조, NFTC 203 2.4.3.8)
(1) 하나의 검출부에 접속하는 열전대부는 **4~20개** 이하로 할 것(단, **주소형 열전대식 감지기**는 제외)
(2) 바닥면적

분 류	열전대식 1개 바닥면적	바닥면적	설치 개수
내화구조	$22m^2$	$88m^2$ 이하 ($22m^2$×4개=$88m^2$)	**4개** 이상
기타구조 (내화구조로 된 특정소방대상물이 아닌 경우)	→ $18m^2$	$72m^2$ 이하 ($18m^2$×4개=$72m^2$)	**4개** 이상

비교

열반도체식 감지기	열전대식 감지기
2~15개 이하	4~20개 이하

답 ③

★★★
77
20.09.문65
19.03.문74
17.05.문67
16.09.문64
15.05.문61
14.09.문75
13.03.문68
12.03.문61
09.05.문76

비상조명등의 화재안전기준에 따른 휴대용 비상조명등의 설치기준이다. 다음 ( )에 들어갈 내용으로 옳은 것은?

> 지하상가 및 지하역사에는 보행거리 (㉠)m 이내마다 (㉡)개 이상 설치할 것

① ㉠ 25, ㉡ 1
② ㉠ 25, ㉡ 3
③ ㉠ 50, ㉡ 1
④ ㉠ 50, ㉡ 3

해설 **휴대용 비상조명등**의 **설치기준**

설치개수	설치장소
1개 이상	• **숙박시설** 또는 **다중이용업소**에는 객실 또는 영업장 안의 구획된 실마다 잘 보이는 곳(외부에 설치시 출입문 손잡이로부터 **1m 이내** 부분)
3개 이상	• **지하상가** 및 **지하역사**의 **보행거리 25m** 이내마다 보기 ② • **대규모점포(백화점 · 대형점 · 쇼핑센터)** 및 **영화상영관**의 **보행거리 50m** 이내마다

(1) 바닥으로부터 **0.8~1.5m** 이하의 높이에 설치할 것
(2) 어둠 속에서 **위치**를 **확인**할 수 있도록 할 것
(3) 사용시 **자동**으로 **점등**되는 구조일 것
(4) 외함은 **난연성능**이 있을 것
(5) 건전지를 사용하는 경우에는 **방전방지조치**를 하여야 하고, **충전식 배터리**의 경우에는 **상시 충전**되도록 할 것
(6) 건전지 및 충전식 배터리의 용량은 **20분** 이상 유효하게 사용할 수 있는 것으로 할 것

답 ②

★★★
78
19.04.문73
14.09.문77
13.09.문71
05.03.문79

부착높이 3m, 바닥면적 $50m^2$인 주요구조부를 내화구조로 한 소방대상물에 1종 열반도체식 차동식 분포형 감지기를 설치하고자 할 때 감지부의 최소 설치개수는?

① 1개
② 2개
③ 3개
④ 4개

해설 **열반도체식 감지기**

(단위 : m^2)

부착높이 및 소방대상물의 구분		감지기의 종류 1종	감지기의 종류 2종
8m 미만	내화구조 →	65	36
	기타구조	40	23
8~15m 미만	내화구조	50	36
	기타구조	30	23

1종 감지기 1개가 담당하는 바닥면적은 **$65m^2$**이므로

$\frac{50}{65}=0.77 ≒ 1$개

• 하나의 검출기에 접속하는 감지부는 **2~15개** 이하이지만 부착높이가 **8m** 미만이고 바닥면적이 **기준면적 이하**인 경우 1개로 할 수 있다. 그러므로 최소 개수는 2개가 아닌 **1개**가 되는 것이다. **주의!**

답 ①

★
79 감지기의 형식승인 및 제품검사의 기술기준에 따라 단독경보형 감지기가 작동할 때 화재를 경보하여 유·무선으로 주위의 다른 감지기에 신호를 발신하고 신호를 수신한 감지기도 화재를 경보하며 다른 감지기에 신호를 발신하는 방식은?

① 아날로그식　　② 무선식
③ 연동식　　④ 다신호식

해설 **감지기**의 **형식승인** 및 **제품검사**의 **기술기준 4조**
감지기의 형식

형 식	특 성
다신호식	1개의 감지기 내에 서로 다른 종별 또는 감도 등의 기능을 갖춘 것으로서 일정 시간 간격을 두고 각각 다른 **2개** 이상의 **화재신호**를 발하는 감지기
방폭형	**폭발성** 가스가 용기내부에서 폭발하였을 때 용기가 그 압력에 견디거나 또는 외부의 폭발성 가스에 인화될 우려가 없도록 만들어진 형태의 감지기
방수형	그 구조가 **방수구조**로 되어 있는 감지기
재용형	**다시 사용**할 수 있는 성능을 가진 감지기
축적형	일정 농도 이상의 연기가 **일정 시간**(공칭축적시간) **연속**하는 것을 전기적으로 **검출**함으로써 작동하는 감지기(단, 단순히 작동시간만을 지연시키는 것 제외)
아날로그식	주위의 **온도** 또는 **연기**의 양의 변화에 따라 각각 다른 전류치 또는 전압치 등의 출력을 발하는 방식의 감지기
연동식 보기 ③	단독경보형 감지기가 작동할 때 화재를 경보하며 **유·무선**으로 주위의 다른 감지기에 신호를 발신하고 신호를 수신한 감지기도 화재를 경보하며 다른 감지기에 신호를 발신하는 방식
무선식	**전파**에 의해 신호를 송·수신하는 방식

답 ③

★★★
80 비상콘센트설비의 화재안전기준에 따른 용어의 정의 중 옳은 것은?

19.09.문68
17.05.문65
16.05.문64
14.05.문23
13.09.문80
12.09.문77
05.03.문76

① "저압"이란 직류는 1.5kV 이하, 교류는 1kV 이하인 것을 말한다.
② "저압"이란 직류는 700V 이하, 교류는 600V 이하인 것을 말한다.
③ "고압"이란 직류는 700V를, 교류는 600V를 초과하는 것을 말한다.
④ "고압"이란 직류는 750V를, 교류는 600V를 초과하는 것을 말한다.

해설 **전압**(NFTC 504 1.7)

구 분	설 명
저압 보기 ①	**직류 1.5kV** 이하, **교류 1kV** 이하
고압	저압의 범위를 초과하고 **7kV** 이하
특고압	**7kV**를 초과하는 것

답 ①

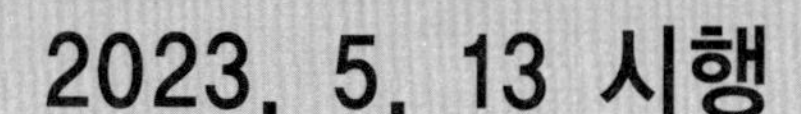

▌2023년 기사 제2회 필기시험 CBT 기출복원문제▐

자격종목	종목코드	시험시간	형별	수험번호	성명
소방설비기사(전기분야)		**2시간**			

※ 각 문항은 4지택일형으로 질문에 가장 적합한 보기 항을 선택하여 체크하여야 합니다.

제 1 과목 소방원론

★★ 01 자연발화가 일어나기 쉬운 조건이 아닌 것은?

23.04.문19
12.05.문03

① 열전도율이 클 것
② 적당량의 수분이 존재할 것
③ 주위의 온도가 높을 것
④ 표면적이 넓을 것

유사문제부터 풀어보세요. 실력이 팍!팍! 올라갑니다.

해설

① 클 것 → 작을 것

자연발화 조건
(1) 열전도율이 작을 것 [보기 ①]
(2) 발열량이 클 것
(3) 주위의 온도가 높을 것 [보기 ③]
(4) 표면적이 넓을 것 [보기 ④]
(5) 적당량의 수분이 존재할 것 [보기 ②]

비교

자연발화의 **방지법**
(1) 습도가 높은 곳을 피할 것(건조하게 유지할 것)
(2) 저장실의 온도를 낮출 것
(3) 통풍이 잘 되게 할 것
(4) 퇴적 및 수납시 열이 쌓이지 않게 할 것 (**열 축적 방지**)
(5) 산소와의 접촉을 차단할 것
(6) **열전도성**을 좋게 할 것

답 ①

★★★ 02 정전기로 인한 화재를 줄이고 방지하기 위한 대책 중 틀린 것은?

22.04.문03
21.09.문58
13.06.문44
12.09.문53

① 공기 중 습도를 일정값 이상으로 유지한다.
② 기기의 전기절연성을 높이기 위하여 부도체로 차단공사를 한다.
③ 공기 이온화 장치를 설치하여 가동시킨다.
④ 정전기 축적을 막기 위해 접지선을 이용하여 대지로 연결작업을 한다.

해설

② 도체 사용으로 전류가 잘 흘러가도록 해야 함

위험물규칙 〔별표 4〕
정전기 제거방법
(1) **접지**에 의한 방법 [보기 ④]
(2) 공기 중의 상대습도를 **70%** 이상으로 하는 방법 [보기 ①]
(3) **공기**를 **이온화**하는 방법 [보기 ③]

비교

위험물규칙 〔별표 4〕
위험물을 가압하는 설비 또는 그 취급하는 위험물의 압력이 상승할 우려가 있는 설비에 설치하는 안전장치
(1) 자동적으로 **압력**의 **상승**을 **정지**시키는 장치
(2) 감압측에 **안전밸브**를 부착한 **감압밸브**
(3) **안전밸브**를 겸하는 **경보장치**
(4) **파괴판**

답 ②

★★★ 03 건축물의 피난·방화구조 등의 기준에 관한 규칙상 방화구획의 설치기준 중 스프링클러를 설치한 10층 이하의 층은 바닥면적 몇 m^2 이내마다 방화구획을 구획하여야 하는가?

22.03.문11
19.03.문15
18.04.문04

① 1000　② 1500
③ 2000　④ 3000

해설

④ 스프링클러소화설비를 설치했으므로 $1000m^2 \times 3배 = 3000m^2$

건축령 46조, 피난·방화구조 14조
방화구획의 기준

대상 건축물	대상 규모	층 및 구획방법		구획부분의 구조
주요 구조부가 내화구조 또는 불연재료로 된 건축물	연면적 $1000m^2$ 넘는 것	10층 이하	• 바닥면적 → $1000m^2$ 이내마다	• 내화구조로 된 바닥·벽 • 60분+방화문, 60분 방화문 • 자동방화셔터
		매 층마다	• 지하 1층에서 지상으로 직접 연결하는 경사로 부위는 제외	
		11층 이상	• 바닥면적 $200m^2$ 이내마다(실내마감을 불연재료로 한 경우 $500m^2$ 이내마다)	

- **스프링클러**, 기타 이와 유사한 **자동식 소화설비**를 설치한 경우 바닥면적은 위의 **3배** 면적으로 산정한다. 문제 7
- **필로티**나 그 밖의 비슷한 구조의 부분을 주차장으로 사용하는 경우 그 부분은 건축물의 다른 부분과 구획할 것

답 ④

★
04 다음은 위험물의 정의이다. 다음 ( ) 안에 알맞은 것은?

13.03.문47

> "위험물"이라 함은 (㉠) 또는 발화성 등의 성질을 가지는 것으로서 (㉡)이 정하는 물품을 말한다.

① ㉠ 인화성, ㉡ 국무총리령
② ㉠ 휘발성, ㉡ 국무총리령
③ ㉠ 휘발성, ㉡ 대통령령
④ ㉠ 인화성, ㉡ 대통령령

해설 **위험물법 2조**
"**위험물**"이라 함은 **인화성** 또는 **발화성** 등의 성질을 가지는 것으로서 **대통령령**이 정하는 물품

답 ④

★★
05 화재강도(fire intensity)와 관계가 없는 것은?

19.09.문19
15.05.문01

① 가연물의 비표면적
② 발화원의 온도
③ 화재실의 구조
④ 가연물의 발열량

해설 **화재강도**(fire intensity)에 영향을 미치는 인자
(1) 가연물의 비표면적
(2) 화재실의 구조
(3) 가연물의 배열상태(발열량)

용어

화재강도
열의 집중 및 방출량을 상대적으로 나타낸 것. 즉, **화재**의 **온도**가 높으면 화재강도는 커진다(발화원의 온도가 아님).

답 ②

★★★
06 소화약제로 물을 사용하는 주된 이유는?

19.04.문04
18.03.문19
15.05.문04
99.08.문06

① 촉매역할을 하기 때문에
② 증발잠열이 크기 때문에
③ 연소작용을 하기 때문에
④ 제거작용을 하기 때문에

해설 **물**의 **소화능력**
(1) **비열**이 크다.
(2) **증발잠열**(기화잠열)이 크다.
(3) 밀폐된 장소에서 증발가열하면 수증기에 의해서 **산소 희석작용** 또는 **질식소화작용**을 한다.
(4) **무상**으로 주수하면 **중질유 화재**에도 사용할 수 있다.

참고

물이 **소화약제**로 많이 쓰이는 이유

장 점	단 점
① 쉽게 구할 수 있다. ② 증발잠열(기화잠열)이 크다. ③ 취급이 간편하다.	① 가스계 소화약제에 비해 사용 후 **오염**이 **크다**. ② 일반적으로 **전기화재**에는 **사용**이 **불가**하다.

답 ②

★★
07 건축물에 설치하는 방화구획의 설치기준 중 스프링클러설비를 설치한 11층 이상의 층은 바닥면적 몇 m^2 이내마다 방화구획을 하여야 하는가? (단, 벽 및 반자의 실내에 접하는 부분의 마감은 불연재료가 아닌 경우이다.)

19.03.문15
18.04.문04

① 200
② 600
③ 1000
④ 3000

해설 ② 스프링클러설비를 설치했으므로 $200m^2 \times 3$배 $= 600m^2$

답 ②

★★
08 탄산가스에 대한 일반적인 설명으로 옳은 것은?

14.03.문16
10.09.문14

① 산소와 반응시 흡열반응을 일으킨다.
② 산소와 반응하여 불연성 물질을 발생시킨다.
③ 산화하지 않으나 산소와는 반응한다.
④ 산소와 반응하지 않는다.

해설 **가연물**이 **될 수 없는 물질**(불연성 물질)

특 징	불연성 물질
주기율표의 0족 원소	• 헬륨(He) • 네온(Ne) • 아르곤(Ar) • 크립톤(Kr) • 크세논(Xe) • 라돈(Rn)
산소와 더 이상 반응하지 않는 물질	• 물(H_2O) • **이산화탄소(CO_2)** • 산화알루미늄(Al_2O_3) • 오산화인(P_2O_5)
흡열반응 물질	질소(N_2)

• 탄산가스＝이산화탄소(CO_2)

답 ④

09 할론(Halon) 1301의 분자식은?

19.09.문07 17.03.문05 16.10.문08 15.03.문04 14.09.문04 14.03.문02

① CH_3Cl
② CH_3Br
③ CF_3Cl
④ CF_3Br

해설 **할론소화약제**의 **약칭** 및 **분자식**

종 류	약 칭	분자식
할론 1011	CB	CH_2ClBr
할론 104	CTC	CCl_4
할론 1211	BCF	CF_2ClBr
할론 1301	BTM	CF_3Br 보기 ④
할론 2402	FB	$C_2F_4Br_2$

답 ④

10 소화약제로서 물 1g이 1기압, 100℃에서 모두 증기로 변할 때 열의 흡수량은 몇 cal인가?

21.03.문20 18.03.문06 17.03.문08 14.09.문20 13.09.문09 13.06.문18 10.09.문20

① 429
② 499
③ 539
④ 639

③ 물의 기화잠열 539cal : 1기압 100℃의 물 1g이 모두 기체로 변화하는 데 539cal의 열량이 필요

물(H_2O)

기화잠열(증발잠열)	**융**해잠열
539cal/g 보기 ③	**8**0cal/g
① **100℃**의 **물 1g**이 **수증기**로 변화하는 데 필요한 열량 ② 물 1g이 1기압, 100℃에서 모두 증기로 변할 때 열의 흡수량	**0℃**의 **얼음 1g**이 **물**로 변화하는 데 필요한 열량

기억법 기53, 융8

답 ③

11 소화약제인 IG-541의 성분이 아닌 것은?

20.09.문07 19.09.문06

① 질소
② 아르곤
③ 헬륨
④ 이산화탄소

③ 해당 없음

불활성기체 소화약제

구 분	화학식
IG-01	• Ar(아르곤)
IG-100	• N_2(질소)
IG-541	• N_2(질소) : **52**% 보기 ① • Ar(아르곤) : **40**% 보기 ② • CO_2(이산화탄소) : 8% 보기 ④ 기억법 NACO(내코) 5240
IG-55	• N_2(질소) : 50% • Ar(아르곤) : 50%

답 ③

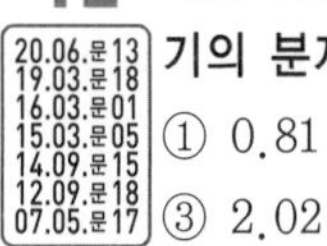

12 이산화탄소의 증기비중은 약 얼마인가? (단, 공기의 분자량은 29이다.)

20.06.문13 19.03.문18 16.03.문01 15.03.문05 14.09.문15 12.09.문18 07.05.문17

① 0.81
② 1.52
③ 2.02
④ 2.51

해설 (1) **증기비중**

$$증기비중 = \frac{분자량}{29}$$

여기서, 29 : 공기의 평균 분자량

(2) **분자량**

원 소	원자량
H	1
C	12
N	14
O	16

이산화탄소(CO_2) 분자량 $= 12 + 16 \times 2 = 44$

$증기비중 = \frac{44}{29} \fallingdotseq 1.52$

• 증기비중 = 가스비중

중요

이산화탄소의 **물성**

구 분	물 성
임계압력	72.75atm
임계온도	31.35℃(약 31.1℃)
3중점	-**56**.3℃(약 -56℃)
승화점(**비**점)	-**78**.5℃
허용농도	0.5%
증기비중	**1.5**29
수분	0.05% 이하(함량 99.5% 이상)

기억법 이356, 이비78, 이증15

답 ②

13 다음 중 가연성 물질에 해당하는 것은?

14.03.문08

① 질소
② 이산화탄소
③ 아황산가스
④ 일산화탄소

해설 **가연성 물질**과 **지연성 물질**

가연성 물질	지연성 물질(조연성 물질)
• **수**소 • **메**탄 • **일**산화탄소 보기 ④ • **천**연가스 • **부**탄 • **에**탄	• 산소 • 공기 • 염소 • 오존 • 불소

기억법 **가수메 일천부에**

용어

가연성 물질과 **지연성 물질**

가연성 물질	지연성 물질(조연성 물질)
물질 자체가 연소하는 것	자기 자신은 연소하지 않지만 연소를 도와주는 것

답 ④

★★★
14 가연성 액체로부터 발생한 증기가 액체표면에서 연소범위의 하한계에 도달할 수 있는 최저온도를 의미하는 것은?

14.09.문05 14.05.문15 11.06.문05

① 비점
② 연소점
③ 발화점
④ 인화점

해설 **발화점, 인화점, 연소점**

구 분	설 명
발화점 (ignition point)	• 가연성 물질에 불꽃을 접하지 아니하였을 때 연소가 가능한 **최저온도** • **점화원 없이** 스스로 불이 붙는 **최저온도**
인화점 (flash point)	• 휘발성 물질에 **불**꽃을 접하여 연소가 가능한 **최저온도** • 가연성 증기를 발생하는 액체가 공기와 혼합하여 기상부에 다른 불꽃이 닿았을 때 연소가 일어나는 **최저온도** • **점화원**에 의해 불이 붙는 **최저온도** • 연소범위의 **하**한계 보기 ④ 기억법 **불인하(불임하면 안돼!)**
연소점 (fire point)	• 인화점보다 **10**℃ 높으며 연소를 **5초** 이상 지속할 수 있는 온도 • 어떤 인화성 액체가 공기 중에서 열을 받아 점화원의 존재하에 **지속**적인 연소를 일으킬 수 있는 온도 • 가연성 액체에 점화원을 가져가서 인화된 후에 점화원을 제거하여도 가연물이 **계속** 연소되는 **최저온도** 기억법 **연105초지계**

답 ④

★★★
15 유류탱크의 화재시 탱크 저부의 물이 뜨거운 열류층에 의하여 수증기로 변하면서 급작스런 부피팽창을 일으켜 유류가 탱크 외부로 분출하는 현상을 무엇이라고 하는가?

20.06.문10 17.05.문04

① 보일오버
② 슬롭오버
③ 브레이브
④ 파이어볼

해설 **유류탱크, 가스탱크**에서 **발생**하는 **현상**

구 분	설 명
블래비=블레비 (BLEVE)	• 과열상태의 탱크에서 내부의 액화가스가 분출하여 기화되어 폭발하는 현상
보일오버 (boil over)	• 중질유의 석유탱크에서 장시간 조용히 연소하다 탱크 내의 잔존기름이 갑자기 분출하는 현상 • 유류탱크에서 **탱크바닥**에 **물**과 기름의 **에멀션**이 섞여 있을 때 이로 인하여 화재가 발생하는 현상 • 연소유면으로부터 100℃ 이상의 열파가 **탱크 저부**에 고여 있는 물을 비등하게 하면서 연소유를 탱크 밖으로 비산시키며 연소하는 현상 보기 ①
오일오버 (oil over)	• 저장탱크에 저장된 유류저장량이 내용적의 **50%** 이하로 충전되어 있을 때 화재로 인하여 탱크가 폭발하는 현상
프로스오버 (froth over)	• 물이 점성의 뜨거운 기름표면 아래에서 끓을 때 화재를 수반하지 않고 용기가 넘치는 현상
슬롭오버 (slop over)	• **유류탱크 화재시** 기름 표면에 물을 살수하면 **기름**이 **탱크** 밖으로 **비산**하여 화재가 확대되는 현상(연소유가 비산되어 탱크 외부까지 화재가 확산) • 물이 연소유의 뜨거운 표면에 들어갈 때 기름 표면에서 화재가 발생하는 현상 • 유화제로 소화하기 위한 물이 수분의 급격한 증발에 의하여 액면이 거품을 일으키면서 열유층 밑의 냉유가 급히 열팽창하여 기름의 일부가 불이 붙은 채 탱크벽을 넘어서 일출하는 현상 • 연소면의 온도가 100℃ 이상일 때 물을 주수하면 발생 • 소화시 외부에서 방사하는 포에 의해 발생

답 ①

★★★
16 프로판가스의 연소범위[vol%]에 가장 가까운 것은?

19.09.문09 14.09.문16 12.03.문12 10.09.문02

① 9.8~28.4
② 2.5~81
③ 4.0~75
④ 2.1~9.5

해설 (1) **공기 중의 폭발한계**

가 스	하한계(하한점, [vol%])	상한계(상한점, [vol%])
아세틸렌(C_2H_2)	2.5	81
수소(H_2)	4	75
일산화탄소(CO)	12	75
에테르($C_2H_5OC_2H_5$)	1.7	48
이황화탄소(CS_2)	1	50
에틸렌(C_2H_4)	2.7	36
암모니아(NH_3)	15	25
메탄(CH_4)	5	15
에탄(C_2H_6)	3	12.4
프로판(C_3H_8) 보기 ④ →	2.1	9.5
부탄(C_4H_{10})	1.8	8.4

(2) **폭발한계**와 **같은 의미**
- ㉠ 폭발범위
- ㉡ 연소한계
- ㉢ 연소범위
- ㉣ 가연한계
- ㉤ 가연범위

답 ④

★★★
17 다음 중 제거소화 방법과 무관한 것은?

22.04.문12 19.09.문05 19.04.문18 17.03.문16 16.10.문07 16.03.문12 14.05.문11 13.03.문01 11.03.문04 08.09.문17

① 산불의 확산방지를 위하여 산림의 일부를 벌채한다.
② 화학반응기의 화재시 원료 공급관의 밸브를 잠근다.
③ 유류화재시 가연물을 포(泡)로 덮는다.
④ 유류탱크 화재시 주변에 있는 유류탱크의 유류를 다른 곳으로 이동시킨다.

해설 ③ **질식소화** : 포 사용

제거소화의 **예**
(1) **가연성 기체** 화재시 **주밸브**를 **차단**한다(화학반응기의 화재시 원료공급관의 **밸브**를 **잠금**). 보기 ②
(2) **가연성 액체** 화재시 펌프를 이용하여 **연료**를 제거한다.
(3) **연료탱크**를 **냉각**하여 가연성 가스의 발생속도를 작게 하여 연소를 억제한다.
(4) 금속화재시 **불활성 물질**로 가연물을 덮는다.
(5) **목재**를 **방염처리**한다.
(6) 전기화재시 **전원**을 **차단**한다.
(7) 산불이 발생하면 화재의 진행방향을 앞질러 **벌목**한다(산불의 확산방지를 위하여 **산림**의 **일부**를 **벌채**). 보기 ①
(8) 가스화재시 **밸브**를 **잠가** 가스흐름을 차단한다(가스화재시 중간밸브를 잠금).
(9) 불타고 있는 장작더미 속에서 아직 타지 않은 것을 안전한 곳으로 **운반**한다.
(10) 유류탱크 화재시 주변에 있는 유류탱크의 유류를 다른 곳으로 이동시킨다. 보기 ④
(11) 양초를 입으로 불어서 끈다.

용어

제거효과
가연물을 반응계에서 제거하든지 또는 반응계로의 공급을 정지시켜 소화하는 효과

답 ③

★★★
18 분말소화약제 중 A급, B급, C급에 모두 사용할 수 있는 것은?

19.03.문01 18.04.문06 17.03.문04 16.10.문06 16.10.문10 16.05.문15 16.03.문09 16.03.문11 15.05.문08 14.05.문17 12.03.문13

① 제1종 분말
② 제2종 분말
③ 제3종 분말
④ 제4종 분말

해설 **분말소화기(질식효과)**

종 별	소화약제	약제의 착색	화학반응식	적응 화재
제1종	탄산수소나트륨($NaHCO_3$)	백색	$2NaHCO_3 \rightarrow Na_2CO_3+\mathbf{CO_2}+H_2O$	BC급
제2종	탄산수소칼륨($KHCO_3$)	담자색(담회색)	$2KHCO_3 \rightarrow K_2CO_3+CO_2+H_2O$	BC급
제3종 보기 ③	**인산암모늄($NH_4H_2PO_4$)**	담홍색	$NH_4H_2PO_4 \rightarrow \mathbf{HPO_3+NH_3+H_2O}$	**AB C급**
제4종	탄산수소칼륨+요소($KHCO_3+(NH_2)_2CO$)	회(백)색	$2KHCO_3+(NH_2)_2CO \rightarrow K_2CO_3+2NH_3+2CO_2$	BC급

- 탄산수소나트륨 = 중탄산나트륨
- 탄산수소칼륨 = 중탄산칼륨
- 제1인산암모늄 = 인산암모늄 = 인산염
- 탄산수소칼륨 + 요소 = 중탄산칼륨 + 요소

답 ③

★★★
19 휘발유 화재시 물을 사용하여 소화할 수 없는 이유로 가장 옳은 것은?

20.06.문14 16.10.문19 13.06.문19

① 인화점이 물보다 낮기 때문이다.
② 비중이 물보다 작아 연소면이 확대되기 때문이다.
③ 수용성이므로 물에 녹아 폭발이 일어나기 때문이다.
④ 물과 반응하여 수소가스를 발생하기 때문이다.

해설 **주수소화**(물소화)시 **위험**한 **물질**

구 분	현 상
• 무기과산화물	**산소** 발생
• **금**속분 • **마**그네슘 • 알루미늄 • 칼륨 • 나트륨 • 수소화리튬 • **부틸리튬**	**수소** 발생
• 가연성 액체(휘발유)의 유류화재	**연소면**(화재면) 확대 보기 ②

기억법 **금마수**

답 ②

★★★
20 다음 중 가연성 가스가 아닌 것은?

22.09.문20 21.03.문08 20.09.문20 17.03.문07 16.10.문03 16.03.문04 14.05.문10 12.09.문08 11.10.문02

① 메탄
② 수소
③ 산소
④ 암모니아

해설 ③ 산소 : 지연성 가스

가연성 가스와 **지연성 가스**

가연성 가스	지연성 가스(조연성 가스)
• **수**소 보기 ② • **메**탄 보기 ① • **일**산화탄소 • **천**연가스 • **부**탄 • **에**탄 • **암**모니아 보기 ④ • **프**로판 기억법 **가수일천 암부 메에프**	• **산**소 • **공**기 • **염**소 • **오**존 • **불**소 기억법 **조산공 염불오**

용어

가연성 가스와 **지연성 가스**

가연성 가스	지연성 가스(조연성 가스)
물질 자체가 연소하는 것	자기 자신은 연소하지 않지만 연소를 도와주는 가스

답 ③

제 2 과목 소방전기일반

★
21 인덕턴스가 0.5H인 코일의 리액턴스가 753.6Ω일 때 주파수는 약 몇 Hz인가?

20.06.문21

① 120 ② 240
③ 360 ④ 480

해설 (1) **기호**
- L : 0.5H
- X_L : 753.6Ω
- f : ?

(2) **유도리액턴스**

$$X_L = 2\pi f L$$

여기서, X_L : 유도리액턴스[Ω]
f : 주파수[Hz]
L : 인덕턴스[H]

주파수 f는

$$f = \frac{X_L}{2\pi L} = \frac{753.6}{2\pi \times 0.5} \fallingdotseq 240\text{Hz}$$

답 ②

★★
22 그림은 비상시에 대비한 예비전원의 공급회로이다. 직류전압을 일정하게 유지하기 위하여 콘덴서를 설치한다면 그 위치로 적당한 곳은?

16.03.문68 13.09.문62

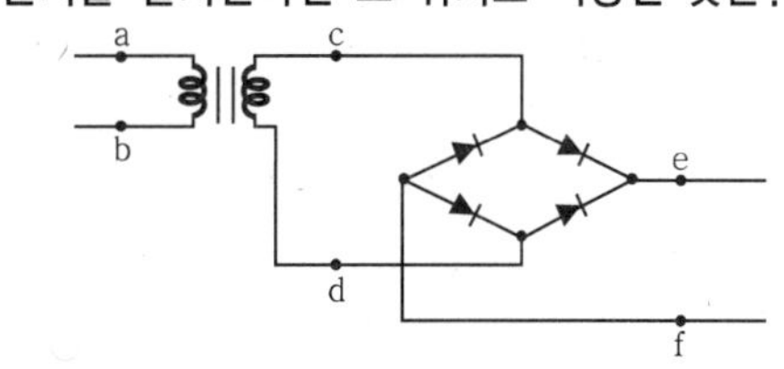

① a와 b 사이 ② c와 d 사이
③ e와 f 사이 ④ c와 e 사이

해설 **콘덴서**(condenser)
직류전압을 **평활**(일정하게 유지)하게 하기 위하여 정류회로의 **출력단**에 설치하여야 한다. 보기 ③

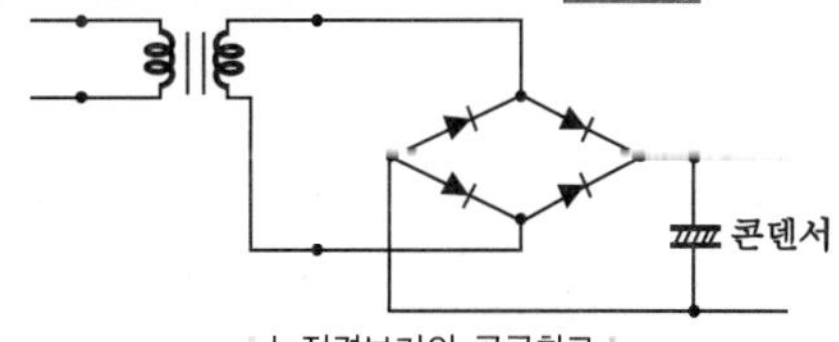

| 누전경보기의 공급회로 |

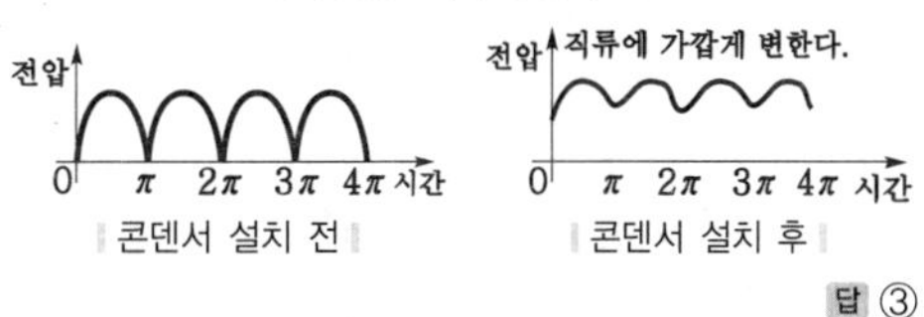

| 콘덴서 설치 전 | | 콘덴서 설치 후 |

답 ③

★★
23 그림과 같은 브리지회로의 평형 조건은?

16.03.문24
13.06.문23

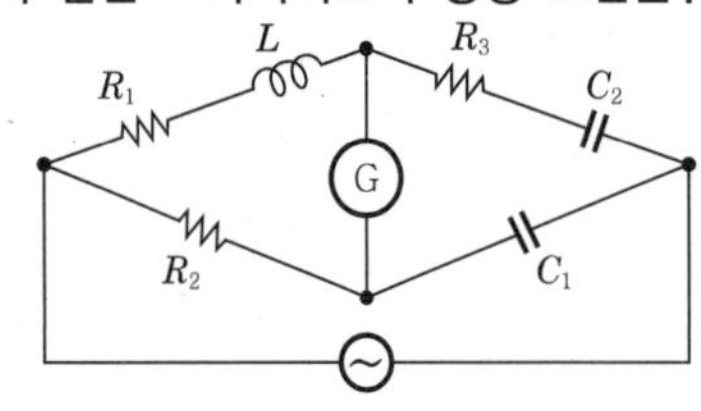

① $R_1C_1 = R_2C_2$, $R_2R_3 = C_1L$
② $R_1C_1 = R_2C_2$, $R_2R_3C_1 = L$
③ $R_1C_2 = R_2C_1$, $R_2R_3 = C_1L$
④ $R_1C_2 = R_2C_1$, $L = R_2R_3C_1$

해설 **교류브리지 평형 조건**

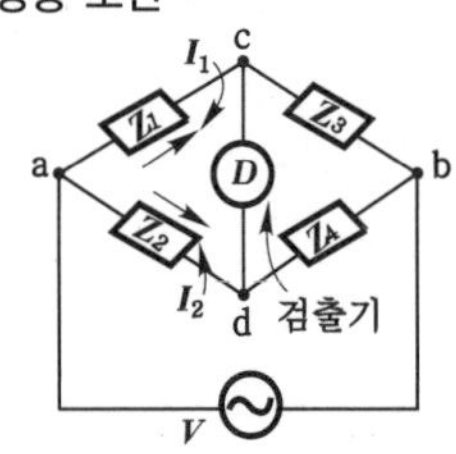

$I_1Z_1 = I_2Z_2$, $I_1Z_3 = I_2Z_4$ $\therefore Z_1Z_4 = Z_2Z_3$

$Z_1 = R_1 + j\omega L$

$Z_2 = R_2$

$$Z_3 = R_3 + \frac{1}{j\omega C_2} = \frac{j\omega C_2R_3}{j\omega C_2} + \frac{1}{j\omega C_2} = \frac{j\omega C_2R_3+1}{j\omega C_2}$$

$$Z_4 = \frac{1}{j\omega C_1}$$

$Z_1Z_4 = Z_2Z_3$

$$(R_1 + j\omega L) \times \frac{1}{j\omega C_1} = R_2 \times \left(R_3 + \frac{1}{j\omega C_2}\right)$$

$$\frac{R_1 + j\omega L}{j\omega C_1} = R_2 \times \frac{j\omega C_2R_3+1}{j\omega C_2}$$

$$\frac{R_1 + j\omega L}{j\omega C_1} = \frac{j\omega C_2R_2R_3+R_2}{j\omega C_2}$$

$$\frac{R_1 + j\omega L}{j\omega C_1} = \frac{R_2+j\omega C_2R_2R_3}{j\omega C_2}$$

$$L = C_2R_2R_3,\ C_1 = C_2,\ R_1 = R_2$$

$L = C_2R_2R_3 = R_2R_3C_2$

$C_1 = C_2$ 이므로

$L = R_2R_3C_1$

$R_2R_3C_2 = R_2R_3C_1$

$R_1 = R_2$ 이므로

$R_1\not{R_3}C_2 = R_2\not{R_3}C_1$

$R_1C_2 = R_2C_1$

답 ④

★★★
24 전자유도현상에서 코일에 생기는 유도기전력의 방향을 정의한 법칙은?

18.09.문29
12.03.문29
11.10.문29
00.07.문28

① 플레밍의 오른손법칙
② 플레밍의 왼손법칙
③ 렌츠의 법칙
④ 패러데이의 법칙

해설 **여러 가지 법칙**

법 칙	설 명
플레밍의 <u>오</u>른손법칙	<u>도</u>체운동에 의한 <u>유</u>도기전력의 <u>방</u>향 결정 기억법 **방유도오**(<u>방</u>에 우<u>유</u>를 <u>도로</u> 갖다 놓게!)
플레밍의 <u>왼</u>손법칙	<u>전</u>자력의 방향 결정 기억법 **왼전**(<u>왠 전</u>쟁이냐?)
<u>렌</u>츠의 법칙 (렌쯔의 법칙) 보기 ③	자속변화에 의한 <u>유</u>도기전력의 <u>방</u>향 결정 기억법 **렌유방**(오<u>렌</u>지가 <u>유</u>일한 <u>방</u>법이다.)
<u>패</u>러데이의 전자유도법칙 (페러데이의 법칙)	① 자속변화에 의한 <u>유</u>기기전력의 <u>크</u>기 결정 ② 전자유도현상에 의하여 생기는 **유도기전력**의 **크기**를 정의하는 법칙 기억법 **패유크**(<u>페유</u>를 버리면 <u>큰</u>일난다.)
<u>앙</u>페르의 오른나사법칙 (앙페에르의 법칙)	<u>전</u>류에 의한 <u>자</u>기장의 방향 결정 기억법 **앙전자**(<u>앙전자</u>)
<u>비</u>오-사바르의 법칙	<u>전</u>류에 의해 발생되는 <u>자</u>기장의 크기 결정 기억법 **비전자**(<u>비전</u>공<u>자</u>)

• 유도기전력 = 유기기전력

답 ③

★★★
25 서보전동기는 제어기기의 어디에 속하는가?

19.03.문31
14.03.문24
11.03.문24

① 검출부 ② 조절부
③ 증폭부 ④ 조작부

해설 **서보전동기**(servo motor)

(1) 제어기기의 **조작부**에 속한다. 보기 ④
(2) 서보기구의 최종단에 설치되는 **조작기기**(조작부)로서, **직선운동** 또는 **회전운동**을 하며 **정확한 제어**가 가능하다.

기억법 **작서**(<u>작심</u>)

참고

서보전동기의 **특징**

(1) **직류전동기**와 **교류전동기**가 있다.
(2) **정 · 역회전**이 가능하다.
(3) **급가속, 급감속**이 가능하다.
(4) **저속운전**이 용이하다.

답 ④

★
26 직류발전기의 자극수 4, 전기자 도체수 500, 각 자극의 유효자속수 0.01Wb, 회전수 1800rpm인 경우 유기기전력은 얼마인가? (단, 전기자 권선은 파권이다.)

13.03.문26

① 100V ② 150V
③ 200V ④ 300V

해설 (1) **기호**

- P : 4
- Z : 500W
- ϕ : 0.01wb
- N : 1800rpm
- V : ?
- a : 2(파권이므로)

(2) **유기기전력**

$$V=\frac{P\phi NZ}{60a}$$

여기서, V : 유기기전력〔V〕
P : 극수
ϕ : 자속〔Wb〕
N : 회전수〔rpm〕
Z : 전기자 도체수
a : 병렬회로수(**파권 : 2**)

유기기전력 V는

$$V=\frac{P\phi NZ}{60a}=\frac{4\times0.01\times1800\times500}{60\times2}=300\text{V}$$

※ 유기기전력=유도기전력

답 ④

★★★
27 불대수의 기본정리에 관한 설명으로 틀린 것은?

19.09.문21 18.03.문31 17.09.문33 17.03.문23 16.05.문36 16.03.문39 15.09.문23 13.09.문30 13.06.문35 11.03.문32

① A + A = A
② A + 1 = 1
③ A · 0 = 1
④ A + 0 = A

해설

① X+X=X이므로 A+A=A
② X+1=1이므로 A+1=1
③ X · 0=0이므로 A · 0=0
④ X+0=X이므로 A+0=A

불대수의 **정리**

논리합	논리곱	비 고
④ X+0=X 보기 ④	③ X · 0=0 보기 ③	-
② X+1=1 보기 ②	X · 1=X	-
① X+X=X 보기 ①	X · X=X	-
$X+\overline{X}=1$	$X\cdot\overline{X}=0$	-
X+Y=Y+X	X · Y=Y · X	교환 법칙
X+(Y+Z) =(X+Y)+Z	X(YZ)=(XY)Z	결합 법칙
X(Y+Z) =XY+XZ	(X+Y)(Z+W) =XZ+XW+YZ+YW	분배 법칙
X+XY=X	$\overline{X}+XY=\overline{X}+Y$ $X+\overline{X}Y=X+Y$ $X+\overline{X}\,\overline{Y}=X+\overline{Y}$	흡수 법칙
$(\overline{X+Y})=\overline{X}\cdot\overline{Y}$	$(\overline{X\cdot Y})=\overline{X}+\overline{Y}$	드모르간 의 정리

답 ③

★★★
28 전기기기에서 생기는 손실 중 권선의 저항에 의하여 생기는 손실은?

19.04.문23 16.10.문36 14.09.문22 11.10.문24

① 철손 ② 동손
③ 표유부하손 ④ 히스테리시스손

해설

동 손 보기 ②	철 손
권선의 **저항**에 의하여 생기는 손실	**철심 속**에서 생기는 손실

기억법 **권동철철**

중요

무부하손
(1) 철손
(2) 저항손
(3) 유전체손

답 ②

★★★
29 $e_1=10\sqrt{2}\sin\left(\omega t+\frac{\pi}{3}\right)$〔V〕와 $e_2=20\sqrt{2}\sin\left(\omega t+\frac{\pi}{6}\right)$〔V〕의 두 정현파의 합성전압 e는 약 몇 V인가?

14.05.문31 14.03.문34 11.10.문35

① $29.1\sin(\omega t+60°)$
② $29.1\sin(\omega t-60°)$
③ $29.1\sin(\omega t+40°)$
④ $29.1\sin(\omega t-40°)$

$$\pi=180^\circ\text{이므로 } \frac{\pi}{3}=60^\circ,\ \frac{\pi}{6}=30^\circ$$

(1) **순시값 → 극형식** 변환

$$e_1=10\sqrt{2}\sin\left(\omega t+\frac{\pi}{3}\right)=10\angle 60^\circ$$

$$e_2=20\sqrt{2}\sin\left(\omega t+\frac{\pi}{6}\right)=20\angle 30^\circ$$

(2) **극형식 → 복소수** 변환

$e_1=10\angle 60^\circ=10(\cos 60^\circ+j\sin 60^\circ)=5+j8.66$

$e_2=20\angle 30^\circ=10(\cos 30^\circ+j\sin 30^\circ)=17.32+j10$

(3) **합산크기 계산**

$e=e_1+e_2=5+j8.66+17.32+j10$

$=5+17.32+j8.66+j10=\underbrace{22.32}_{\text{실수}}+\underbrace{j18.66}_{\text{허수}}$

∴ **최대값** $V_m=\sqrt{\text{실수}^2+\text{허수}^2}$

$=\sqrt{22.32^2+18.66^2}\fallingdotseq 29.1$

위상차 $\theta=\tan^{-1}\dfrac{\text{허수}}{\text{실수}}=\tan^{-1}\dfrac{18.66}{22.32}\fallingdotseq 40^\circ$

$$e=29.1\sin(\omega t+40^\circ)$$

(1) **순시값**

$$e=V_m\sin\omega t$$

여기서, e : 전압의 순시값〔V〕
V_m : 전압의 최대값〔V〕
ω : 각주파수〔rad/s〕
t : 주기〔s〕

(2) **최대값**

$$V_m=\sqrt{2}\,V$$

여기서, V_m : 전압의 최대값〔V〕
V : 전압의 실효값〔V〕

(3) **극형식**

$$V\angle\theta$$

여기서, V : 전압의 실효값〔V〕
θ : 위상차〔rad〕

답 ③

30 **직류 전압계의 내부저항이 500Ω, 최대 눈금이 50V라면 이 전압계에 3kΩ의 배율기를 접속하여 전압을 측정할 때 최대측정치는 몇 V인가?**

20.06.문22 19.09.문30 17.03.문21 13.09.문31 11.06.문34

① 250
② 303
③ 350
④ 500

해설 (1) **기호**

- V : 500Ω
- R_v : 50V
- R_m : 3kΩ$=3\times10^3$Ω(1kΩ$=10^3$Ω)
- V_0 : ?

(2) **배율기**

$$V_0=V\left(1+\frac{R_m}{R_v}\right)\text{〔V〕}$$

여기서, V_0 : 측정하고자 하는 전압〔V〕
V : 전압계의 최대눈금〔V〕
R_v : 전압계의 내부저항〔Ω〕
R_m : 배율기저항〔Ω〕

$V_0=V\left(1+\dfrac{R_m}{R_v}\right)$

$=50\times\left(1+\dfrac{3\times10^3}{500}\right)\fallingdotseq 350\text{V}$

분류기

$$I_0=I\left(1+\frac{R_A}{R_S}\right)\text{〔A〕}$$

여기서, I_0 : 측정하고자 하는 전류〔A〕
I : 전류계의 최대눈금〔A〕
R_A : 전류계 내부저항〔Ω〕
R_S : 분류기저항〔Ω〕

답 ③

★★★

31 **전원전압을 일정하게 유지하기 위하여 사용하는 다이오드는?**

20.06.문38 19.03.문35 18.09.문31 16.10.문30 15.05.문38 14.09.문40 14.05.문24 14.03.문27 12.03.문34 11.06.문37 00.10.문25

① 쇼트키다이오드
② 터널다이오드
③ 제너다이오드
④ 버랙터다이오드

해설 **반도체소자**

명 칭	심 벌
제너다이오드(zener diode) 보기 ③ ① 주로 정전압 전원회로에 사용된다. ② **전원전압**을 **일정**하게 **유지**한다.	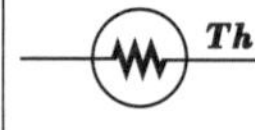
서미스터(thermistor) : 부온도특성을 가진 저항기의 일종으로서 주로 **온**도보정용(온도보상용)으로 쓰인다. 기억법 서온(서운해)	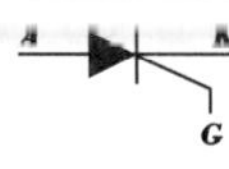
SCR(Silicon Controlled Rectifier) : 단방향 대전류 스위칭소자로서 제어를 할 수 있는 정류소자이다.	A K G

바리스터(varistor) ① 주로 **서**지전압에 대한 회로보호용(과도전압에 대한 회로보호) ② **계**전기접점의 불꽃제거 기억법 바리서계	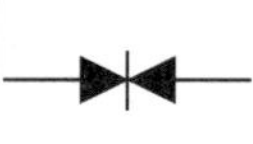
UJT(Unijunction Transistor, **단일접합 트랜지스터**): 증폭기로는 사용이 불가능하며 톱니파나 펄스발생기로 작용하며 SCR의 트리거소자로 쓰인다.	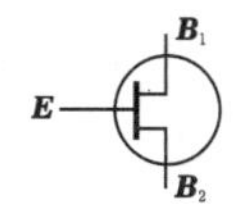
가변용량 다이오드(버랙터다이오드) ① **가변용량** 특성을 FM 변조 AFC 동조에 이용 ② 제너현상을 이용한 다이오드	
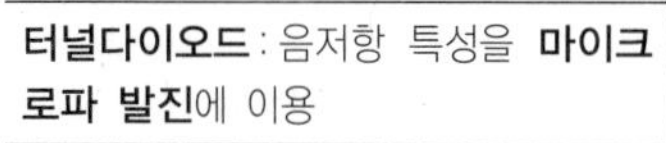 **터널다이오드**: 음저항 특성을 **마이크로파 발진**에 이용	
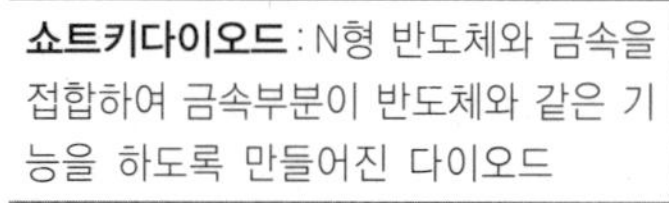 **쇼트키다이오드**: N형 반도체와 금속을 접합하여 금속부분이 반도체와 같은 기능을 하도록 만들어진 다이오드	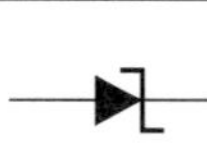

답 ③

★★★
32 직류회로에서 도체를 균일한 체적으로 길이를 10배 늘리면 도체의 저항은 몇 배가 되는가? (단, 도체의 전체 체적은 변함이 없다.)

19.09.문26
10.05.문35
10.03.문38

① 10
② 20
③ 100
④ 1000

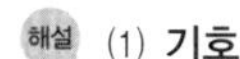
해설 (1) **기호**

- l' : 10L
- R' : ?

(2) **고유저항**

$$R=\rho\frac{l}{A}=\rho\frac{l}{\pi r^2}$$

여기서, R : 저항[Ω]
ρ : 고유저항[Ω · m]
A : 도체의 단면적[m²]
l : 도체의 길이[m]
r : 도체의 반지름[m]

$R=\rho\frac{l}{\pi r^2}$에서 체적이 균일하면 **길이**를 **10배**로 늘리면 **반경**은 $\frac{1}{10}$**배**로 줄어들므로 $R=\rho\frac{l}{\pi r^2}$ 에서

$$R'=\rho\frac{l'}{\pi r'^2}=\rho\frac{10l}{\pi\frac{1}{10}r^2}=\rho\frac{100l}{\pi r^2}=100\text{배}$$

답 ③

★★★
33 제어요소의 구성으로 옳은 것은?

19.09.문39
15.09.문28
14.03.문30
13.03.문21

① 조절부와 조작부
② 비교부와 검출부
③ 설정부와 검출부
④ 설정부와 비교부

해설 **제어요소**(control element)
동작신호를 조작량으로 변환하는 요소이고, **조절부**와 **조작부**로 이루어진다.

참고

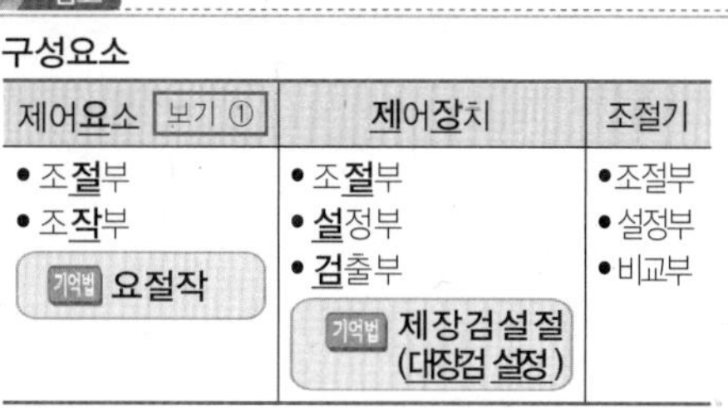
구성요소

제어요소 보기 ①	제어장치	조절기
• 조**절**부 • 조**작**부 기억법 요절작	• 조**절**부 • **설**정부 • **검**출부 기억법 제장검설절(대장검 설정)	• 조절부 • 설정부 • 비교부

답 ①

★★
34 그림과 같은 트랜지스터를 사용한 정전압회로에서 Q_1의 역할로서 옳은 것은?

16.10.문31
13.06.문22

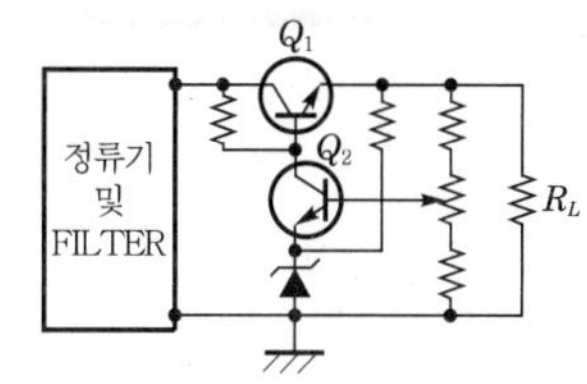

① 증폭용 ② 비교부용
③ 제어용 ④ 기준부용

해설
- Q_1 : 제어용
- Q_2 : 증폭용
- R_L : 부하(load)

답 ③

★★
35 그림과 같은 시퀀스 제어회로에서 자기유지접점은?

14.05.문38
07.05.문37

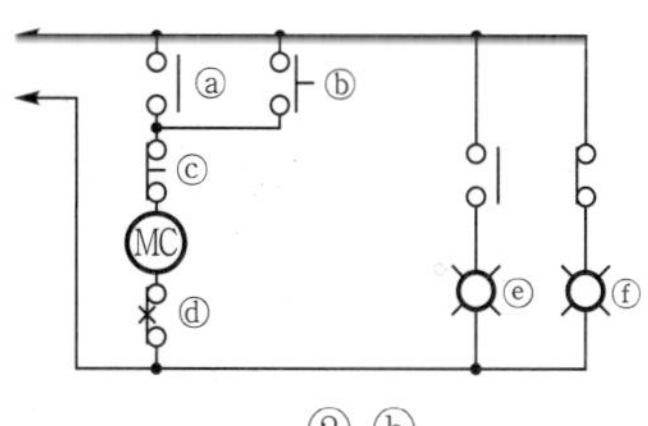

① ⓐ ② ⓑ
③ ⓒ ④ ⓓ

 ⓐ 자기유지접점
ⓑ 기동용 스위치
ⓒ 정지용 스위치
ⓓ 열동계전기접점
ⓔ 기동표시등
ⓕ 정지표시등

답 ①

★★
36 자유공간에서 무한히 넓은 평면에 면전하밀도 σ [C/m^2]가 균일하게 분포되어 있는 경우 전계의 세기(E)는 몇 V/m인가? (단, ε_0는 진공의 유전율이다.)

21.09.문36
20.09.문39

① $E=\dfrac{\sigma}{\varepsilon_0}$

② $E=\dfrac{\sigma}{2\varepsilon_0}$

③ $E=\dfrac{\sigma}{2\pi\varepsilon_0}$

④ $E=\dfrac{\sigma}{4\pi\varepsilon_0}$

해설 **가우스**의 **법칙**

무한히 **넓은 평면**에서 대전된 물체에 대한 **전계**의 **세기**(Intensity of electric field)를 구할 때 사용한다. 무한히 넓은 평면에서 대전된 물체는 원천 전하로부터 전기장이 발생해 이 전기장이 다른 전하에 힘을 주게 되어 **대칭**의 **자기장**이 존재하게 된다. 즉 **자기장**이 **2개**가 존재하므로 다음과 같이 구할 수 있다.

기본식 $E=\dfrac{Q}{4\pi\varepsilon r^2}=\dfrac{\sigma}{\varepsilon}$ 에서

$$2E=\frac{Q}{4\pi\varepsilon r^2}=\frac{\sigma}{\varepsilon}$$

$$E=\frac{Q}{2(4\pi\varepsilon r^2)}=\frac{\sigma}{2\varepsilon}$$

여기서, E : 전계의 세기[V/m]
Q : 전하[C]
ε : 유전율[F/m]($\varepsilon=\varepsilon_0 \cdot \varepsilon_s$)
(ε_0 : 진공의 유전율[F/m], ε_s : 비유전율)
σ : 면전하밀도[C/m^2]
r : 거리[m]

전계의 세기(전장의 세기) E는

$$E=\frac{\sigma}{2\varepsilon}=\frac{\sigma}{2(\varepsilon_0\varepsilon_s)}=\frac{\sigma}{2\varepsilon_0}$$

• 자유공간에서 $\varepsilon_s \fallingdotseq 1$이므로 $\varepsilon=\varepsilon_0\varepsilon_s=\varepsilon_0$

답 ②

★
37 220V의 전원에 접속하였을 때 2kW의 전력을 소비하는 저항이 있다. 이 저항을 100V의 전원에 접속하면 저항에서 소비되는 전력은 약 몇 W인가?

22.04.문28

① 206 ② 413
③ 826 ④ 1652

해설 (1) **기호**
• V : 220V
• P : 2kW=2×10^{3}W(1kW=10^{3}kW)
• V' : 100V
• P' : ?

(2) **전력**

$$P=VI=I^2R=\frac{V^2}{R}$$

여기서, P : 전력[W], V : 전압[V]
I : 전류[A], R : 저항[Ω]

저항 R은

$$R=\frac{V^2}{P}=\frac{220^2}{2\times10^3}=24.2\,\Omega$$

100V의 전압사용시 **소비전력** P'는

$$P'=\frac{V'^2}{R}=\frac{100^2}{24.2}\fallingdotseq 413\text{W}$$

• 저항이 같으므로 R이 있는 $P=I^2R=\dfrac{V^2}{R}$ 식을 사용해야 함

답 ②

★★★
38 계전기 접점의 불꽃을 소거할 목적으로 사용하는 것은?

21.05.문35
20.06.문38
19.03.문35
18.09.문31
16.10.문30
15.05.문38
14.09.문40
14.05.문24
14.03.문27
12.03.문34
11.06.문37
00.10.문25

① 터널다이오드
② 바랙터다이오드
③ 바리스터
④ 서미스터

해설 **반도체소자**

명 칭	심 벌
제너다이오드(zener diode) ① 주로 정전압 전원회로에 사용된다. ② **전원전압**을 **일정**하게 **유지**한다.	
서미스터(thermistor) : 부온도특성을 가진 저항기의 일종으로서 주로 **온**도보정용(온도보상용)으로 쓰인다. 보기 ④ 기억법 서온(서운해)	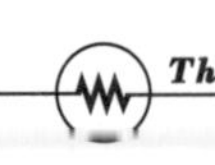

설명	기호
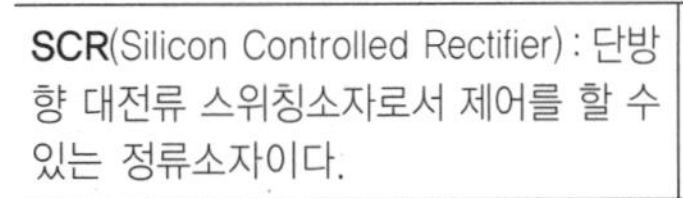 **SCR**(Silicon Controlled Rectifier) : 단방향 대전류 스위칭소자로서 제어를 할 수 있는 정류소자이다.	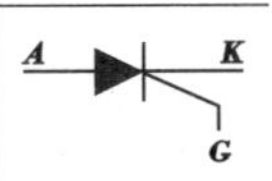
바리스터(varistor) 보기 ③ ① 주로 **서**지전압에 대한 회로보호용(과도전압에 대한 회로보호) ② **계**전기접점의 불꽃제거 기억법 **바리서계**	
UJT(Unijunction Transistor, **단일접합 트랜지스터**) : 증폭기로는 사용이 불가능하며 톱니파나 펄스발생기로 작용하며 SCR의 트리거소자로 쓰인다.	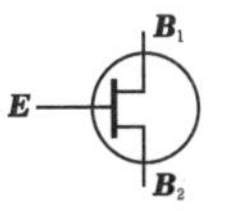
가변용량 다이오드(버랙터다이오드) 보기 ② ① **가변용량** 특성을 FM 변조 AFC 동조에 이용 ② 제너현상을 이용한 다이오드	
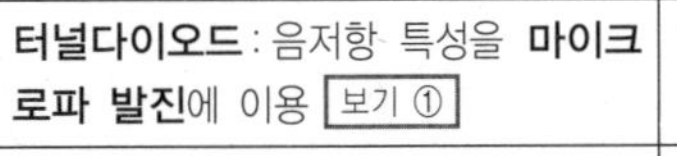 **터널다이오드** : 음저항 특성을 **마이크로파 발진**에 이용 보기 ①	
쇼트키다이오드 : N형 반도체와 금속을 접합하여 금속부분이 반도체와 같은 기능을 하도록 만들어진 다이오드	

답 ③

39 단방향 대전류의 전력용 스위칭 소자로서 교류의 위상 제어용으로 사용되는 정류소자는?

21.05.문35 19.04.문25 19.03.문35 17.05.문35 16.10.문30 15.05.문38 14.09.문40 14.05.문24 14.03.문27 12.03.문34 11.06.문37 00.10.문25

① 서미스터
② SCR
③ 제너다이오드
④ UJT

해설 **문제 38 참조**

SCR(Silicon Controlled Rectifier) : **단방향 대전류** 스위칭 소자로서 제어를 할 수 있는 정류소자이다. 보기 ②

답 ②

40 50Hz의 주파수에서 유도성 리액턴스가 4Ω인 인덕터와 용량성 리액턴스가 1Ω인 커패시터와 4Ω의 저항이 모두 직렬로 연결되어 있다. 이 회로에 100V, 50Hz의 교류전압을 인가했을 때 무효전력〔Var〕은?

21.09.문37

① 1000
② 1200
③ 1400
④ 1600

해설 (1) **기호**

- f : 50Hz
- X_L : 4Ω
- X_C : 1Ω
- R : 4Ω
- V : 100V
- P_r : ?

(2) **그림**

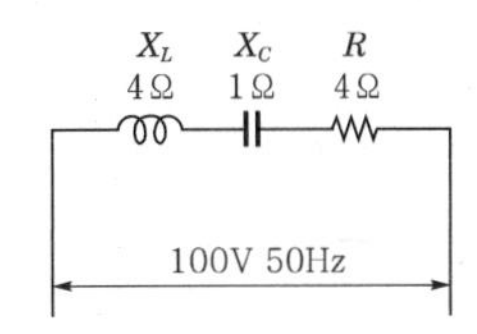

(3) **리액턴스**

$$X=\sqrt{(X_L-X_C)^2}$$

여기서, X : 리액턴스〔Ω〕
X_L : 유도리액턴스〔Ω〕
X_C : 용량리액턴스〔Ω〕

리액턴스 X는

$$X=\sqrt{(X_L-X_C)^2}=\sqrt{(4-1)^2}=3\,\Omega$$

(4) **전류**

$$I=\frac{V}{Z}=\frac{V}{\sqrt{R^2+X^2}}$$

여기서, I : 전류〔A〕
V : 전압〔V〕
Z : 임피던스〔Ω〕
R : 저항〔Ω〕
X : 리액턴스〔Ω〕

전류 I는

$$I=\frac{V}{\sqrt{R^2+X^2}}=\frac{100}{\sqrt{4^2+3^2}}=20\text{A}$$

(5) **무효전력**

$$P_r=VI\sin\theta=I^2X\text{〔Var〕}$$

여기서, P_r : 무효전력〔Var〕
V : 전압〔V〕
I : 전류〔A〕
$\sin\theta$: 무효율
X : 리액턴스〔Ω〕

- **무효전력** : **교류전압**(V)과 **전류**(I) 그리고 **무효율**($\sin\theta$)의 곱 형태

무효전력 P_r는

$$P_r=I^2X=20^2\times3=1200\text{Var}$$

답 ②

제 3 과목 소방관계법규

★★
41 소방서장은 소방대상물에 대한 위치·구조·설비 등에 관하여 화재가 발생하는 경우 인명피해가 클 것으로 예상되는 때에는 소방대상물의 개수·사용의 금지 등의 필요한 조치를 명할 수 있는데 이때 그 손실에 따른 보상을 하여야 하는 바, 해당되지 않은 사람은?

19.03.문53

① 특별시장
② 도지사
③ 행정자치부장관
④ 광역시장

해설 **소방기본법 49조의 2**
소방대상물의 개수명령 손실보상
소방청장, 시·도지사

중요

시·도지사
(1) 특별시장 보기 ①
(2) 광역시장 보기 ④
(3) 도지사 보기 ②
(4) 특별자치도지사
(5) 특별자치시장

답 ③

★★★
42 소방본부장이나 소방서장이 소방시설공사가 공사감리 결과보고서대로 완공되었는지 완공검사를 위한 현장을 확인할 수 있는 대통령령으로 정하는 특정소방대상물이 아닌 것은?

21.05.문49
18.03.문51
17.03.문43
15.03.문59
14.05.문54

① 노유자시설
② 문화 및 집회시설, 운동시설
③ $1000m^2$ 미만의 공동주택
④ 지하상가

해설 ③ 공동주택, 아파트는 해당 없음

공사업령 5조
완공검사를 위한 현장확인 대상 특정소방대상물의 범위
(1) **문**화 및 집회시설, **종**교시설, **판**매시설, **노**유자시설, **수**련시설, **운**동시설, **숙**박시설, **창**고시설, 지하**상**가 및 다중이용업소 보기 ①②④
(2) 다음의 어느 하나에 해당하는 설비가 설치되는 특정소방대상물
㉠ 스프링클러설비 등
㉡ 물분무등소화설비(호스릴방식의 소화설비 제외)
(3) 연면적 $10000m^2$ 이상이거나 **11층** 이상인 특정소방대상물(아파트 제외) 보기 ③

(4) 가연성 가스를 제조·저장 또는 취급하는 시설 중 지상에 노출된 가연성 가스탱크의 저장용량 합계가 **1000t** 이상인 시설

기억법 **문종판 노수운 숙창상현**

답 ③

★★
43 소방시설 설치 및 관리에 관한 법령상 소방용품 중 피난구조설비를 구성하는 제품 또는 기기에 속하지 않는 것은?

21.05.문46
15.03.문49
14.09.문42

① 통로유도등 ② 소화기구
③ 공기호흡기 ④ 피난사다리

해설 ② 소화설비

소방시설법 시행령 〔별표 3〕
소방용품

소방시설	제품 또는 기기
소화용	① 소화**약**제 ② **방**염제(방염액·**방염도료**·**방염성 물질**) 기억법 **소약방**
피난구조설비	① **피난사다리**, 구조대, 완강기(간이완강기 및 지지대 포함) 보기 ④ ② **공기호흡기**(충전기를 포함) 보기 ③ ③ 피난구유도등, **통로유도등**, 객석유도등 및 예비전원이 내장된 비상조명등 보기 ①
소화설비	① **소화기** 보기 ② ② 자동소화장치 ③ 간이소화용구(소화약제 외의 것을 이용한 간이소화용구 제외) ④ 소화전 ⑤ 송수구 ⑥ 관창 ⑦ 소방호스 ⑧ 스프링클러헤드 ⑨ 기동용 수압개폐장치 ⑩ 유수제어밸브 ⑪ 가스관 선택밸브

답 ②

★★★
44 소방상 필요할 때 소반본부장, 소방서장 또는 소방대장이 할 수 있는 명령에 해당되는 것은?

20.06.문56
19.03.문56
18.04.문43
17.05.문48

① 화재현장에 이웃한 소방서에 소방응원을 하는 명령
② 그 관할구역 안에 사는 사람 또는 화재 현장에 있는 사람으로 하여금 소화에 종사하도록 하는 명령
③ 관계 보험회사로 하여금 화재의 피해조사에 협력하도록 하는 명령
④ 소방대상물의 관계인에게 화재에 따른 손실을 보상하게 하는 명령

해설 **소방본부장 · 소방서장 · 소방대장**
(1) 소방활동 **종**사명령(기본법 24조) 보기 ②
(2) **강**제처분 · 제거(기본법 25조)
(3) **피**난명령(기본법 26조)
(4) 댐 · 저수지 사용 등 위험시설 등에 대한 긴급조치(기본법 27조)

기억법 소대종강피(**소**방**대**의 **종강**파**티**)

용어
소방활동 종사명령
화재, 재난 · 재해, 그 밖의 위급한 상황이 발생한 현장에서 소방활동을 위하여 필요할 때에는 그 관할구역에 사는 사람 또는 그 현장에 있는 사람으로 하여금 사람을 구출하는 일 또는 불을 끄거나 불이 번지지 아니하도록 하는 일을 하게 할 수 있는 것

답 ②

45
특정소방대상물의 소방시설 등에 대한 자체점검 기술자격자의 범위에서 '행정안전부령으로 정하는 기술자격자'는?
① 소방안전관리자로 선임된 소방설비산업기사
② 소방안전관리자로 선임된 소방설비기사
③ 소방안전관리자로 선임된 전기기사
④ 소방안전관리자로 선임된 소방시설관리사 및 소방기술사

해설 **소방시설법 시행규칙 19조**
소방시설 등 자체점검 기술자격자
(1) 소방안전관리자로 선임된 **소방시설관리사** 보기 ④
(2) 소방안전관리자로 선임된 **소방기술사** 보기 ④

답 ④

46
명예직 소방대원으로 위촉할 수 있는 권한이 있는 사람은?
① 도지사
② 소방청장
③ 소방대장
④ 소방서장

해설 **기본법 7조**
명예직 소방대원 위촉 : 소방청장
소방행정 발전에 공로가 있다고 인정되는 사람

답 ②

47

21.03.문47
19.09.문01
18.04.문45
14.09.문52
14.09.문53
13.06.문48

화재의 예방 및 안전관리에 관한 법률상 소방안전관리대상물의 소방안전관리자의 업무가 아닌 것은?
① 소방시설공사
② 소방훈련 및 교육
③ 소방계획서의 작성 및 시행
④ 자위소방대의 구성 · 운영 · 교육

해설 ① 소방시설공사 : 소방시설공사업자

화재예방법 24조 ⑤항
관계인 및 소방안전관리자의 업무

특정소방대상물 (관계인)	소방안전관리대상물 (소방안전관리자)
① **피난시설 · 방화구획** 및 방화시설의 관리 ② **소방시설**, 그 밖의 소방관련 시설의 관리 ③ **화기취급**의 감독 ④ 소방안전관리에 필요한 업무 ⑤ 화재발생시 초기대응	① **피난시설 · 방화구획** 및 방화시설의 관리 ② 소방시설, 그 밖의 소방관련 시설의 관리 ③ **화기취급**의 감독 ④ 소방안전관리에 필요한 업무 ⑤ **소방계획서**의 작성 및 시행(**대통령령**으로 정하는 사항 포함) 보기 ③ ⑥ **자위소방대** 및 **초기대응체계**의 구성 · 운영 · 교육 보기 ④ ⑦ 소방훈련 및 교육 보기 ② ⑧ 소방안전관리에 관한 업무수행에 관한 기록 · 유지 ⑨ 화재발생시 초기대응

용어

특정소방대상물	소방안전관리대상물
건축물 등의 규모 · 용도 및 수용인원 등을 고려하여 소방시설을 설치하여야 하는 소방대상물로서 대통령령으로 정하는 것	**대통령령**으로 정하는 특정소방대상물

답 ①

48
19.04.문59
12.09.문60
08.09.문55
08.03.문53

소방시설을 구분하는 경우 소화설비에 해당되지 않는 것은?
① 스프링클러설비 ② 제연설비
③ 자동확산소화기 ④ 옥외소화전설비

해설 ② 소화활동설비

소방시설법 시행령 〔별표 1〕
소화설비
(1) 소화기구 · 자동확산소화기 · 자동소화장치(주거용 주방자동소화장치)
(2) 옥내소화전설비 · 옥외소화전설비
(3) 스프링클러설비 · 간이스프링클러설비 · 화재조기진압용 스프링클러설비
(4) 물분무소화설비 · 강화액소화설비

비교

소방시설법 시행령 〔별표 1〕
소화활동설비
화재를 진압하거나 인명구조활동을 위하여 사용하는 설비
(1) **연**결송수관설비
(2) **연**결살수설비
(3) **연**소방지설비
(4) **무**선통신보조설비
(5) **제**연설비
(6) **비**상**콘**센트설비

기억법 **3연무제비콘**

답 ②

49 위험물안전관리법령상 산화성 고체인 제1류 위험물에 해당되는 것은?

22.03.문02 19.04.문44 16.05.문46 16.05.문52 15.09.문03 15.09.문18 15.05.문10 15.05.문42 15.03.문51 14.09.문18 14.03.문18 11.06.문54

① 질산염류
② 과염소산
③ 특수인화물
④ 유기과산화물

해설 **위험물령 〔별표 1〕**
위험물

유 별	성 질	품 명
제**1**류	**산**화성 **고**체	• 아염소산염류 • 염소산염류(**염소산나트륨**) • 과염소산염류 • 질산염류 보기 ① • 무기과산화물 기억법 **1산고염나**
제2류	가연성 고체	• **황화**린 • **적**린 • **유**황 • **마**그네슘 기억법 **황화적유마**
제3류	자연발화성 물질 및 금수성 물질	• **황**린 • **칼**륨 • **나**트륨 • **알**칼리토금속 • **트**리에틸알루미늄 기억법 **황칼나알트**
제4류	인화성 액체	• 특수인화물 보기 ③ • 석유류(벤젠) • 알코올류 • 동식물유류
제**5**류	**자**기반응성 물질	• 유기과산화물 보기 ④ • 니트로화합물 • 니트로소화합물 • 아조화합물 • 질산에스테르류(셀룰로이드) 기억법 **5자(오자탈자)**
제6류	산화성 액체	• 과염소산 보기 ② • 과산화수소 • 질산

답 ①

50 위험물안전관리법령상 제조소 또는 일반 취급소의 위험물취급탱크 노즐 또는 맨홀을 신설하는 경우, 노즐 또는 맨홀의 직경이 몇 mm를 초과하는 경우에 변경허가를 받아야 하는가?

21.05.문48 19.06.문57 18.04.문58

① 500
② 450
③ 250
④ 600

해설 **위험물규칙 〔별표 1의 2〕**
제조소 등의 변경허가를 받아야 하는 경우
(1) 제조소 또는 일반취급소의 위치를 이전
(2) 건축물의 벽·기둥·바닥·보 또는 지붕을 증설 또는 철거
(3) 배출설비를 신설
(4) 위험물취급탱크를 신설·교체·철거 또는 보수
(5) 위험물취급탱크의 노즐 또는 맨홀의 직경이 **250mm**를 초과하는 경우에 신설 보기 ③
(6) 위험물취급탱크의 방유제의 높이 또는 방유제 내의 면적을 변경
(7) 위험물취급탱크의 탱크전용실을 증설 또는 교체
(8) **300m**(지상에 설치하지 아니하는 배관의 경우에는 **30m**)를 초과하는 위험물배관을 신설·교체·철거 또는 보수(배관을 절개하는 경우에 한한다)하는 경우

답 ③

51 소방시설 설치 및 관리에 관한 법령상 자동화재탐지설비를 설치하여야 하는 특정소방대상물 기준으로 틀린 것은?

16.03.문57 16.05.문43 14.03.문79 12.03.문74

① 지하가 중 길이 500m 이상의 터널
② 숙박시설로서 연면적 $600m^2$ 이상인 것
③ 의료시설(정신의료기관·요양병원 제외)로서 연면적 $600m^2$ 이상인 것
④ 지하구

해설

① 500m 이상 → 1000m 이상

소방시설법 시행령 〔별표 4〕
자동화재탐지설비의 설치대상

설치대상	조 건
① 정신의료기관 · 의료재활시설	• 창살설치 : 바닥면적 300m² 미만 • 기타 : 바닥면적 300m² 이상
② 노유자시설	• 연면적 **400m²** 이상
③ **근**린생활시설 · **위**락시설 ④ **의**료시설(정신의료기관, 요양병원 제외) 보기 ③, 숙박시설 보기 ② ⑤ **복**합건축물 · 장례시설	• 연면적 **600m²** 이상
⑥ 목욕장 · 문화 및 집회시설, 운동시설 ⑦ 종교시설 ⑧ 방송통신시설 · 관광휴게시설 ⑨ 업무시설 · 판매시설 ⑩ 항공기 및 자동차 관련시설 · 공장 · 창고시설 ⑪ 지하가(터널 제외) · 운수시설 · 발전시설 · 위험물 저장 및 처리시설 ⑫ 교정 및 군사시설 중 국방 · 군사시설	• 연면적 **1000m²** 이상
⑬ **교**육연구시설 · **동**식물관련시설 ⑭ **자**원순환관련시설 · **교**정 및 군사시설(국방 · 군사시설 제외) ⑮ **수**련시설(숙박시설이 있는 것 제외) ⑯ 묘지관련시설	• 연면적 **2000m²** 이상
⑰ 지하가 중 터널	• 길이 **1000m** 이상 보기 ①
⑱ 지하구 보기 ④ ⑲ 노유자생활시설 ⑳ 공동주택 ㉑ 숙박시설 ㉒ **6층** 이상인 건축물 ㉓ 조산원 및 산후조리원 ㉔ 전통시장 ㉕ 요양병원(정신병원, 의료재활시설 제외)	• 전부
㉖ 특수가연물 저장 · 취급	• 지정수량 **500배** 이상
㉗ 수련시설(숙박시설이 있는 것)	• 수용인원 **100명** 이상
㉘ 발전시설	• 전기저장시설

기억법 **근위의복6, 교동자교수2**

답 ①

52 소방기본법령상 소방용수시설에서 저수조의 설치 기준으로 틀린 것?

21.03.문48 16.10.문52 16.05.문44 16.03.문41 13.03.문49

① 흡수에 지장이 없도록 토사 및 쓰레기 등을 제거할 수 있는 설비를 갖출 것
② 소방펌프자동차가 쉽게 접근할 수 있도록 할 것
③ 흡수부분의 수심이 0.5m 이상일 것
④ 지면으로부터의 낙차가 6m 이하일 것

④ 6m 이하 → 4.5m 이하

기본규칙 〔별표 3〕
소방용수시설의 저수조에 대한 설치기준

(1) 낙차 : **4.5m** 이하 보기 ④
(2) **수**심 : **0.5m** 이상 보기 ③
(3) 투입구의 길이 또는 지름 : **60cm** 이상

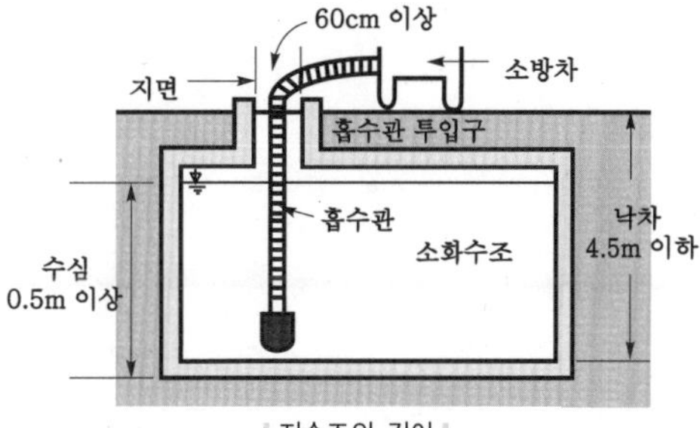

| 저수조의 깊이 |

(4) 소방펌프자동차가 **쉽게 접근**할 수 있도록 할 것 보기 ②
(5) 흡수에 지장이 없도록 **토사** 및 **쓰레기** 등을 제거할 수 있는 설비를 갖출 것 보기 ①
(6) 저수조에 물을 공급하는 방법은 **상수도**에 연결하여 **자동**으로 **급수**되는 구조일 것

기억법 수5(수호천사)

답 ④

53 소방기본법령상 화재예방을 위하여 불의 사용에 있어서 지켜야 하는 사항에 따라 이동식 난로를 사용하여서는 안 되는 장소로 틀린 것은? (단, 난로를 받침대로 고정시키거나 즉시 소화되고 연료 누출 차단이 가능한 경우는 제외한다.)

① 역 · 터미널 ② 슈퍼마켓
③ 가설건축물 ④ 한의원

② 해당 없음

화재예방법 시행령 〔별표 1〕
이동식 난로를 설치할 수 없는 장소

(1) 학원
(2) 종합병원
(3) 역 · 터미널 보기 ①
(4) 가설건축물 보기 ③
(5) 한의원 보기 ④

답 ②

★★★
54 19.09.문56 14.09.문60 14.03.문41 13.06.문54

화재의 예방 및 안전관리에 관한 법령상 소방청장, 소방본부장 또는 소방서장은 관할구역에 있는 소방대상물에 대하여 화재안전조사를 실시할 수 있다. 화재안전조사 대상과 거리가 먼 것은? (단, 개인 주거에 대하여는 관계인의 승낙을 득한 경우이다.)

① 화재예방강화지구 등 법령에서 화재안전조사를 하도록 규정되어 있는 경우
② 관계인이 법령에 따라 실시하는 소방시설 등, 방화시설, 피난시설 등에 대한 자체점검 등이 불성실하거나 불완전하다고 인정되는 경우
③ 화재가 발생할 우려는 없으나 소방대상물의 정기점검이 필요한 경우
④ 국가적 행사 등 주요 행사가 개최되는 장소에 대하여 소방안전관리 실태를 조사할 필요가 있는 경우

해설

③ 해당 없음

화재예방법 7조
화재안전조사 실시대상
(1) **관계인**이 이 법 또는 다른 법령에 따라 실시하는 소방시설 등, 방화시설, 피난시설 등에 대한 자체점검이 불성실하거나 불완전하다고 인정되는 경우 보기 ②
(2) **화재예방강화지구** 등 법령에서 화재안전조사를 하도록 규정되어 있는 경우 보기 ①
(3) 화재예방안전진단이 불성실하거나 불완전하다고 인정되는 경우
(4) **국가적 행사** 등 주요 행사가 개최되는 장소 및 그 주변의 관계지역에 대하여 소방안전관리 실태를 조사할 필요가 있는 경우 보기 ④
(5) 화재가 **자주 발생**하였거나 발생할 우려가 뚜렷한 곳에 대한 조사가 필요한 경우
(6) **재난예측정보, 기상예보** 등을 분석한 결과 소방대상물에 화재의 발생 위험이 크다고 판단되는 경우
(7) 화재, 그 밖의 긴급한 상황이 발생할 경우 인명 또는 재산 피해의 우려가 현저하다고 판단되는 경우

기억법 **화관국안**

중요

화재예방법 7 · 8조
화재안전조사
소방대상물에 대한 화재예방을 위하여 관계인에게 필요한 자료제출을 명하거나 위치 · 구조 · 설비 또는 관리의 상황을 조사하는 것
(1) 실시자 : 소방청장 · 소방본부장 · 소방서장
(2) 관계인의 승낙이 필요한 곳 : **주거**(주택)

답 ③

★★★
55 18.09.문50 17.03.문58 14.09.문48 12.09.문41

성능위주설계를 실시하여야 하는 특정소방대상물의 범위 기준으로 틀린 것은?

① 연면적 $200000m^2$ 이상인 특정소방대상물(아파트 등은 제외)
② 지하층을 포함한 층수가 30층 이상인 특정소방대상물(아파트 등은 제외)
③ 건축물의 높이가 120m 이상인 특정소방대상물(아파트 등은 제외)
④ 하나의 건출물에 영화상영관이 5개 이상인 특정소방대상물

해설

④ 5개 이상 → 10개 이상

소방시설법 시행령 9조
성능위주설계를 해야 할 특정소방대상물의 범위
(1) 연면적 **20만**m^2 이상인 특정소방대상물(아파트 등 제외) 보기 ①
(2) **50층** 이상(지하층 제외)이거나 지상으로부터 높이가 **200m** 이상인 아파트
(3) **30층** 이상(지하층 포함)이거나 지상으로부터 높이가 **120m** 이상인 특정소방대상물(아파트 등 제외) 보기 ②③
(4) 연면적 **3만**m^2 이상인 철도 및 도시철도 시설, **공항시설**
(5) 하나의 건축물에 관련법에 따른 **영화상영관**이 **10개** 이상인 특정소방대상물 보기 ④
(6) 연면적 **10만**m^2 이상이거나 **지하 2층** 이하이고 지하층의 바닥면적의 합이 **3만**m^2 이상인 창고시설
(7) 지하연계 복합건축물에 해당하는 특정소방대상물
(8) 터널 중 수저터널 또는 길이가 **5000m** 이상인 것

답 ④

★★★
56 20.08.문56 14.05.문47 11.06.문59

소방시설의 하자가 발생한 경우 통보를 받은 공사업자는 며칠 이내에 이를 보수하거나 보수 일정을 기록한 하자보수 계획을 관계인에게 서면으로 알려야 하는가?

① 3일 ② 7일
③ 14일 ④ 30일

해설 **공사업법 15조**
소방시설의 하자보수기간 : **3일** 이내 보기 ①

중요

3일
(1) **하**자보수기간(공사업법 15조)
(2) 소방시설업 **등**록증 **분**실 등의 **재발급**(공사업규칙 4조)

기억법 **3하등분재(상하**이에서 **동**생이 **분재**를 가져왔다.)

답 ①

★★★
57
21.03.문42 18.09.문47 18.03.문54 15.03.문07 14.05.문45 08.09.문58

위험물안전관리법령상 인화성 액체 위험물(이황화탄소를 제외)의 옥외탱크저장소의 탱크 주위에 설치하여야 하는 방유제의 기준 중 틀린 것은?

① 방유제의 용량은 방유제 안에 설치된 탱크가 하나인 때에는 그 탱크용량의 110% 이상으로 할 것
② 방유제의 용량은 방유제 안에 설치된 탱크가 2기 이상인 때에는 그 탱크 중 용량이 최대인 것의 용량의 110% 이상으로 할 것
③ 방유제는 높이 1m 이상 2m 이하, 두께 0.2m 이상, 지하매설깊이 0.5m 이상으로 할 것
④ 방유제 내의 면적은 $80000m^2$ 이하로 할 것

해설

③ 1m 이상 2m 이하 → 0.5m 이상 3m 이하, 0.5m → 1m

위험물규칙 〔별표 6〕
(1) **옥외탱크저장소의 방유제**

구 분	설 명
높이	**0.5~3m** 이하(두께 **0.2m** 이상, 지하매설깊이 **1m** 이상) 보기 ③
탱크	**10기**(모든 탱크용량이 **20만L** 이하, 인화점이 70~200℃ 미만은 **20**기) 이하
면적	**$80000m^2$** 이하 보기 ④
용량	① 1기 이상 : **탱크용량**×110% 이상 보기 ① ② 2기 이상: **최대탱크용량**×110% 이상 보기 ②

(2) 높이가 **1m**를 넘는 방유제 및 간막이 둑의 안팎에는 방유제 내에 출입하기 위한 계단 또는 경사로를 약 **50m**마다 설치할 것

답 ③

★★
58
16.05.문43 16.03.문57 14.03.문79 12.03.문74

소방시설 설치 및 관리에 관한 법령상 자동화재탐지설비를 설치하여야 하는 특정소방대상물의 기준으로 틀린 것은?

① 공장 및 창고시설로서 「소방기본법 시행령」에서 정하는 수량의 500배 이상의 특수가연물을 저장·취급하는 것
② 지하가(터널은 제외한다)로서 연면적 $600m^2$ 이상인 것
③ 숙박시설이 있는 수련시설로서 수용인원 100명 이상인 것
④ 장례시설 및 복합건축물로서 연면적 $600m^2$ 이상인 것

해설

② $600mm^2$ 이상 → $1000m^2$ 이상

소방시설법 시행령 〔별표 4〕
자동화재탐지설비의 설치대상

설치대상	조 건
① 정신의료기관 · 의료재활시설	• 창살설치 : 바닥면적 **$300m^2$** 미만 • 기타 : 바닥면적 **$300m^2$** 이상
② 노유자시설	• 연면적 **$400m^2$** 이상
③ **근**린생활시설 · **위**락시설 ④ **의**료시설(정신의료기관, 요양병원 제외) ⑤ **복**합건축물 · 장례시설 보기 ④	• 연면적 **$600m^2$** 이상
⑥ 목욕장 · 문화 및 집회시설, 운동시설 ⑦ 종교시설 ⑧ 방송통신시설 · 관광휴게시설 ⑨ 업무시설 · 판매시설 ⑩ 항공기 및 자동차 관련시설 · 공장 · 창고시설 ⑪ 지하가(터널 제외) 보기 ② · 운수시설 · 발전시설 · 위험물 저장 및 처리시설 ⑫ 국방 · 군사시설	• 연면적 **$1000m^2$** 이상
⑬ **교**육연구시설 · **동**식물관련시설 ⑭ **자**원순환관련시설 · **교**정 및 군사시설(국방 · 군사시설 제외) ⑮ **수**련시설(숙박시설이 있는 것 제외) ⑯ 묘지관련시설	• 연면적 **$2000m^2$** 이상
⑰ 지하가 중 터널	• 길이 **1000m** 이상
⑱ 지하구 ⑲ 노유자생활시설 ⑳ 공동주택 ㉑ 숙박시설 ㉒ **6층** 이상인 건축물 ㉓ 조산원 및 산후조리원 ㉔ 전통시장 ㉕ 요양병원(정신병원, 의료재활시설 제외)	• 전부
㉖ 특수가연물 저장 · 취급	• 지정수량 **500배** 이상 보기 ①
㉗ 수련시설(숙박시설이 있는 것)	• 수용인원 **100명** 이상 보기 ③
㉘ 발전시설	• 전기저장시설

기억법 **근위의복6, 교동자교수2**

답 ②

★★★
59 **소방기본법령상 소방대장은 화재, 재난·재해 그 밖의 위급한 상황이 발생한 현장에 소방활동구역을 정하여 소방활동에 필요한 자로서 대통령령으로 정하는 사람 외에는 그 구역에의 출입을 제한할 수 있다. 다음 중 소방활동구역에 출입할 수 없는 사람은?**

21.05.문60 / 19.04.문42 / 15.03.문43 / 11.06.문48 / 06.03.문44

① 소방활동구역 안에 있는 소방대상물의 소유자·관리자 또는 점유자
② 전기·가스·수도·통신·교통의 업무에 종사하는 사람으로서 원활한 소방활동을 위하여 필요한 사람
③ 시·도지사가 소방활동을 위하여 출입을 허가한 사람
④ 의사·간호사 그 밖에 구조·구급업무에 종사하는 사람

해설

③ 시·도지사 → 소방대장

기본령 8조
소방활동구역 출입자
(1) **소방활동구역 안**에 있는 **소유자·관리자** 또는 **점유자** 보기 ①
(2) **전기·가스·수도·통신·교통**의 업무에 종사하는 자로서 원활한 **소방활동**을 위하여 필요한 자 보기 ②
(3) **의사·간호사**, 그 밖에 구조·구급업무에 종사하는 자 보기 ④
(4) **취재인력** 등 보도업무에 종사하는 자
(5) **수사업무**에 종사하는 자
(6) **소방대장**이 소방활동을 위하여 **출입**을 **허가**한 **자** 보기 ③

용어

소방활동구역
화재, 재난·재해 그 밖의 위급한 상황이 발생한 현장에 정하는 구역

답 ③

★★★
60 **소방기본법령상 소방업무의 응원에 관한 설명으로 옳은 것은?**

22.03.문54 / 18.03.문44 / 15.05.문55 / 11.03.문54

① 소방청장은 소방활동을 할 때에 필요한 경우에는 시·도지사에게 소방업무의 응원을 요청해야 한다.
② 소방업무의 응원을 위하여 파견된 소방대원은 응원을 요청한 소방본부장 또는 소방서장의 지휘에 따라야 한다.
③ 소방업무의 응원요청을 받은 소방서장은 정당한 사유가 있어도 그 요청을 거절할 수 없다.
④ 소방서장은 소방업무의 응원을 요청하는 경우를 대비하여 출동 대상지역 및 규모와 소요경비의 부담 등에 관하여 필요한 사항을 대통령령으로 정하는 바에 따라 이웃하는 소방서장과 협의하여 미리 규약으로 정하여야 한다.

해설 **기본법 제11조**
소방업무의 응원
(1) **소방본부장**이나 **소방서장**은 소방활동을 할 때에 긴급한 경우에는 이웃한 소방본부장 또는 소방서장에게 소방업무의 응원을 요청할 수 있다. 보기 ①
(2) 소방업무의 응원요청을 받은 **소방본부장** 또는 **소방서장**은 정당한 사유 없이 그 요청을 거절하여서는 아니 된다. 보기 ③
(3) 소방업무의 응원을 위하여 파견된 소방대원은 응원을 **요청한 소방본부장** 또는 **소방서장**의 지휘에 따라야 한다. 보기 ②
(4) **시·도지사**는 소방업무의 응원을 요청하는 경우를 대비하여 출동 대상지역 및 규모와 소요경비의 부담 등에 관하여 필요한 사항을 **행정안전부령**으로 정하는 바에 따라 이웃하는 **시·도지사**와 협의하여 미리 규약으로 정하여야 한다. 보기 ④

① 소방청장 → 소방본부장이나 소방서장
③ 정당한 사유가 있어도 → 정당한 사유 없이
④ 소방서장 → 시·도지사, 대통령령 → 행정안전부령

답 ②

제 4 과목 소방전기시설의 구조 및 원리

★★★
61 **누전경보기의 형식승인 및 제품검사의 기술기준에 따라 누전경보기의 경보기구에 내장하는 음향장치는 사용전압이 220V일 때 몇 V에서 소리를 내어야 하는가?**

19.09.문64 / 18.04.문74 / 16.05.문63 / 15.03.문67 / 14.09.문65 / 10.09.문70

① 110 ② 220
③ 176 ④ 330

해설 **누전경보기**의 **음향장치**
80% 전압에서 소리를 낼 것
음향장치의 사용전압이 220V이므로 이 전압의 80%인 전압은 $220\times0.8=176$V이다.

비교

음향장치
(1) **비상경보설비 음향장치**의 **설치기준**

구 분	설 명
전원	교류전압 옥내간선, **전용**
정격전압	**80%** 전압에서 음향 발할 것
음량	**1m** 위치에서 **90dB** 이상
지구음향장치	**층**마다 설치, 수평거리 **25m** 이하

(2) **비상방송설비 음향장치**의 **구조** 및 **성능기준**
㉠ 정격전압의 **80%** 전압에서 음향을 발할 것
㉡ **자동화재탐지설비**의 작동과 연동하여 작동할 것
(3) **자동화재탐지설비 음향장치**의 **구조** 및 **성능기준**
㉠ 정격전압의 **80%** 전압에서 음향을 발할 것
㉡ 음량은 **1m 떨어진 곳**에서 **90dB** 이상일 것
㉢ **감지기·발신기**의 작동과 **연동**하여 작동할 것

답 ③

★★★
62 자동화재탐지설비 및 시각경보장치의 화재안전기준에 따라 자동화재탐지설비의 감지기 설치에 있어서 부착높이가 20m 이상일 때 적합한 감지기 종류는?

22.03.문80 21.05.문76 20.06.문61 19.09.문71 14.03.문79 12.03.문66

① 불꽃감지기
② 연기복합형
③ 차동식 분포형
④ 이온화식 1종

해설 **감지기의 부착높이**(NFPC 203 7조, NFTC 203 2.4.1)

부착높이	감지기의 종류
4m 미만	• 차동식(스포트형, 분포형) • 보상식 스포트형 • 정온식(스포트형, 감지선형) — **열**감지기 • 이온화식 또는 광전식(스포트형, 분리형, 공기흡입형) : **연**기감지기 • 열복합형 • 연기복합형 • 열연기복합형 — **복**합형 감지기 • **불**꽃감지기 기억법 **열연불복 4미**
4~8m 미만	• 차동식(스포트형, 분포형) • **보상식 스포트형** • **정**온식(스포트형, 감지선형) **특**종 또는 **1**종 — **열**감지기 • **이**온화식 **1**종 또는 **2**종 • **광**전식(스포트형, 분리형, 공기흡입형) 1종 또는 2종 — 연기감지기 • 열복합형 • 연기복합형 • 열연기복합형 — **복**합형 감지기 • **불**꽃감지기 기억법 **8미열 정특1 이광12 복불**
8~15m 미만	• 차동식 **분**포형 • **이**온화식 **1**종 또는 **2**종 • **광**전식(스포트형, 분리형, 공기흡입형) 1종 또는 2종 • **연**기**복**합형 • **불**꽃감지기 기억법 **15분 이광12 연복불**
15~20m 미만	• **이**온화식 1종 • **광**전식(스포트형, 분리형, 공기흡입형) 1종 • **연**기**복**합형 • **불**꽃감지기 기억법 **이광불연복2**
20m 이상	• **불**꽃감지기 보기 ① • **광**전식(분리형, 공기흡입형) 중 **아**날로그방식 기억법 **불광아**

답 ①

★★★
63 자동화재탐지설비 및 시각경보장치의 화재안전기준에 따른 배선의 시설기준으로 틀린 것은?

21.05.문64 20.08.문76 18.03.문65 17.09.문71 16.10.문74

① 감지기 사이의 회로의 배선은 송배선식으로 할 것
② 자동화재탐지설비의 감지기 회로의 전로저항은 50Ω 이하가 되도록 할 것
③ 수신기의 각 회로별 종단에 설치되는 감지기에 접속되는 배선의 전압은 감지기의 정격전압의 80% 이상이어야 할 것
④ P형 수신기 및 GP형 수신기의 감지기 회로의 배선에 있어서 하나의 공통선에 접속할 수 있는 경계구역은 10개 이하로 할 것

해설 ④ 10개 → 7개

자동화재탐지설비 배선의 설치기준
(1) 감지기 사이의 회로배선 : **송배선식** 보기 ①
(2) P형 수신기 및 GP형 수신기의 감지기 회로의 배선에 있어서 하나의 공통선에 접속할 수 있는 경계구역은 **7개** 이하 보기 ④
(3) ㉠ 감지기 회로의 전로저항 : **50Ω 이하** 보기 ②
㉡ 감지기에 접속하는 배선전압 : 정격전압의 **80% 이상** 보기 ③
(4) 자동화재탐지설비의 배선은 다른 전선과 **별도**의 관·덕트·몰드 또는 풀박스 등에 설치할 것(단, **60V** 미만의 약전류회로에 사용하는 전선으로서 각각의 전압이 같을 때는 제외)
(5) 감지기 회로의 도통시험을 위한 종단저항은 감지기 회로의 끝부분에 설치할 것

답 ④

★★★
64 시각경보장치의 성능인증 및 제품검사의 기술기준에 따라 시각경보장치의 전원부 양단자 또는 양선을 단락시킨 부분과 비충전부를 DC 500V의 절연저항계로 측정하는 경우 절연저항이 몇 MΩ 이상이어야 하는가?

22.03.문75 22.04.문73 21.05.문71 11.10.문61

① 0.1 ② 5
③ 10 ④ 20

해설 **절연저항시험**

절연저항계	절연저항	대 상
직류 250V	0.1MΩ 이상	• 1경계구역의 절연저항
직류 500V	5MΩ 이상	• 누전경보기 • 가스누설경보기 • 수신기 • 자동화재속보설비 • 비상경보설비 • 유도등(교류입력측과 외함 간 포함) • 비상조명등(교류입력측과 외함 간 포함) • 시각경보장치 보기 ②

직류 500V	20MΩ 이상	• 경종 • 발신기 • 중계기 • 비상콘센트 • 기기의 절연된 선로 간 • 기기의 충전부와 비충전부 간 • 기기의 교류입력측과 외함 간(유도등 · 비상조명등 제외)
	50MΩ 이상	• 감지기(정온식 감지선형 감지기 제외) • 가스누설경보기(10회로 이상) • 수신기(10회로 이상)
	1000MΩ 이상	• 정온식 감지선형 감지기

답 ②

★★★
65 유도등 및 유도표지의 화재안전기준에 따라 객석 내 통로의 직선부분 길이가 85m인 경우 객석유도등을 몇 개 설치하여야 하는가?

22.03.문77 19.04.문69 17.05.문74 14.09.문62 14.03.문62 13.03.문76 12.03.문63

① 17개 ② 19개
③ 21개 ④ 22개

해설 **최소 설치개수 산정식**
설치개수 산정시 소수가 발생하면 반드시 **절상**한다.

(1) **객석유도등**

$$설치개수 = \frac{객석통로의\ 직선부분의\ 길이[m]}{4} - 1$$

$$= \frac{85}{4} - 1 = 20.25 ≒ 21개$$

기억법 객4

(2) **유도표지**

$$설치개수 = \frac{구부러진\ 곳이\ 없는\ 부분의\ 보행거리[m]}{15} - 1$$

기억법 유15

(3) **복도통로유도등, 거실통로유도등**

$$설치개수 = \frac{구부러진\ 곳이\ 없는\ 부분의\ 보행거리[m]}{20} - 1$$

기억법 통2

용어
절상
'소수점 이하는 무조건 올린다.'는 뜻

답 ③

★★★
66 비상콘센트설비의 성능인증 및 제품검사의 기술기준에 따라 비상콘센트설비의 절연된 충전부와 외함 간의 절연내력은 정격전압 150V 이하의 경우 60Hz의 정현파에 가까운 실효전압 1000V를 가하는 시험에서 몇 분간 견디어야 하는가?

22.03.문61 18.09.문61 18.03.문64 13.09.문73 11.06.문73

① 1
② 5
③ 10
④ 30

해설 **비상콘센트설비**의 **절연내력시험**
절연내력은 전원부와 외함 사이에 정격전압이 **150V 이하**인 경우에는 **1000V**의 실효전압을, 정격전압이 **150V 초과**인 경우에는 그 **정격전압**에 **2**를 곱하여 **1000**을 더한 실효전압을 가하는 시험에서 **1분** 이상 견디는 것으로 할 것

중요

절연내력시험(NFPC 504 4조, NFTC 504 2.1.6.2)

구 분	150V 이하	150V 초과
실효전압	1000V	(정격전압×2)+1000V 예 220V인 경우 (220×2)+1000=1440V
견디는 시간	1분 이상 보기 ①	1분 이상

비교

절연저항시험

절연저항계	절연저항	대 상
직류 250V	0.1MΩ 이상	• 1경계구역의 절연저항
직류 500V	5MΩ 이상	• 누전경보기 • 가스누설경보기 • 수신기 • 자동화재속보설비 • 비상경보설비 • 유도등(교류입력측과 외함간 포함) • 비상조명등(교류입력측과 외함간 포함)
	20MΩ 이상	• 경종 • 발신기 • 중계기 • 비상콘센트 • 기기의 절연된 선로간 • 기기의 충전부와 비충전부간 • 기기의 교류입력측과 외함간(유도등 · 비상조명등 제외) 기억법 2콘(이크)
	50MΩ 이상	• 감지기(정온식 감지선형 감지기 제외) • 가스누설경보기(10회로 이상) • 수신기(10회로 이상)
	1000MΩ 이상	• 정온식 감지선형 감지기

답 ①

★★★
67 자동화재탐지설비의 발신기는 건축물의 각 부분으로부터 하나의 발신기까지 수평거리는 최대 몇 m 이하인가?

21.05.문65 20.09.문74 16.05.문70 15.09.문74 15.05.문76 14.05.문70 11.03.문76

① 25m ② 50m
③ 100m ④ 150m

해설 **수평거리**와 **보행거리**

(1) **수평거리**

수평거리	적용대상
수평거리 **25m** 이하	• 발신기 [보기 ①] • 음향장치(확성기) • 비상콘센트(지하상가·바닥면적 **3000m²** 이상)
수평거리 **50m** 이하	• 비상콘센트(기타)

(2) **보행거리**

보행거리	적용대상
보행거리 **15m** 이하	• **유도표지**
보행거리 **20m** 이하	• 복도통로유도등 • 거실통로유도등 • 3종 연기감지기
보행거리 **30m** 이하	• 1·2종 연기감지기
보행거리 **40m** 이상	• 복도 또는 별도로 구획된 실

(3) **수직거리**

수직거리	적용대상
10m 이하	• 3종 연기감지기
15m 이하	• 1·2종 연기감지기

중요

자동화재탐지설비의 **발신기 설치기준**(NFPC 203 9조, NFTC 203 2.6)
(1) 조작이 **쉬운 장소**에 설치하고, 조작스위치는 바닥으로부터 **0.8~1.5m** 이하의 높이에 설치할 것
(2) 특정소방대상물의 **층**마다 설치하되, 해당 특정소방대상물의 각 부분으로부터 하나의 발신기까지의 **수평거리**가 **25m** 이하가 되도록 할 것. 다만, 복도 또는 별도로 구획된 실로서 **보행거리**가 **40m** 이상일 경우에는 추가로 설치할 것
(3) (2)의 기준을 초과하는 경우로서 기둥 또는 벽이 설치되지 아니한 대형공간의 경우 발신기는 설치대상 장소의 가장 가까운 장소의 벽 또는 기둥 등에 설치할 것
(4) 발신기의 **위치표시등**은 **함**의 **상부**에 설치하되, 그 불빛은 부착면으로부터 **15°** 이상의 범위 안에서 부착지점으로부터 **10m** 이내의 어느 곳에서도 쉽게 식별할 수 있는 **적색등**으로 할 것

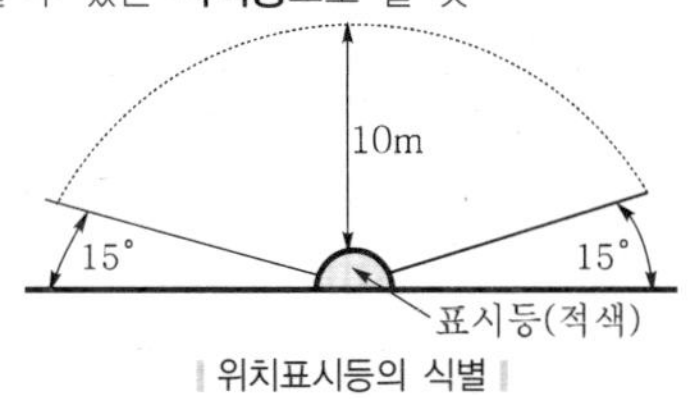

| 위치표시등의 식별 |

답 ①

★★★
68 누전경보기의 전원은 분전반으로부터 전용 회로로 하고 각 극에 개폐기와 몇 A 이하의 과전류차단기를 설치하여야 하는가?

19.04.문75 18.09.문62 17.09.문67 15.09.문76 14.05.문71 14.03.문75 13.06.문67 12.05.문74

① 5 ② 15
③ 25 ④ 35

해설 **누전경보기**의 **설치기준**(NFPC 205 6조, NFTC 205 2.3.1)

과전류차단기	**배**선용 차단기
15A 이하	**20A** 이하 기억법 **2배(이 배에 탈 사람!)**

(1) 각 극에 개폐기 및 **15A** 이하의 **과전류차단기**를 설치할 것(**배선용 차단기**는 **20A** 이하) [보기 ②]
(2) 분전반으로부터 **전용 회로**로 할 것
(3) 개폐기에는 누전경보기임을 표시할 것

중요

누전경보기(NFPC 205 4조, NFTC 205 2.1.1.1)

60A 이하	60A 초과
• **1급** 누전경보기 • **2급** 누전경보기	• **1급** 누전경보기

답 ②

★★★
69 비상경보설비 및 단독경보형 감지기의 화재안전기준에 따른 단독경보형 감지기의 시설기준에 대한 내용이다. 다음 ( )에 들어갈 내용으로 옳은 것은?

22.09.문63 21.05.문75 17.09.문64 03.08.문62

> 단독경보형 감지기는 바닥면적이 (㉠)m²를 초과하는 경우에는 (㉡)m²마다 1개 이상을 설치하여야 한다.

① ㉠ 100, ㉡ 100 ② ㉠ 100, ㉡ 150
③ ㉠ 150, ㉡ 150 ④ ㉠ 150, ㉡ 200

해설 **단독경보형 감지기**의 **설치기준**(NFPC 201 5조, NFTC 201 2.2.1)
(1) 각 실(이웃하는 실내의 바닥면적이 각각 **30m²** **미만**이고 벽체의 상부의 전부 또는 일부가 개방되어 이웃하는 실내와 공기가 상호 유통되는 경우에는 이를 1개의 실로 본다)마다 설치하되, 바닥면적이 **150m²**를 초과하는 경우에는 **150m²**마다 1개 이상 설치할 것 [보기 ③]
(2) 최상층의 계단실의 **천장**(외기가 상통하는 계단실의 경우 제외)에 설치할 것
(3) 건전지를 주전원으로 사용하는 단독경보형 감지기는 정상적인 작동상태를 유지할 수 있도록 건전지를 교환할 것
(4) 상용전원을 주전원으로 사용하는 단독경보형 감지기의 **2차 전지**는 제품검사에 합격한 것을 사용할 것

용어

단독경보형 감지기
화재발생 상황을 단독으로 감지하여 자체에 내장된 음향장치로 경보하는 감지기

답 ③

★★
70 19.09.문15 17.05.문80

자동화재속보설비의 속보기의 성능인증 및 제품검사의 기술기준에 따라 자동화재속보설비의 속보기의 외함에 강판 외함을 사용할 경우 외함의 최소두께[mm]는?

① 1.8 ② 3
③ 0.8 ④ 1.2

해설 **축전지 외함 · 속보기**의 **외함두께**

강 판	합성수지
1.2mm 이상 보기 ④	3mm 이상

비교

발신기의 **외함두께**(발신기 형식승인 4조)

강 판		합성수지	
외함	외함 (벽 속 매립)	외함	외함 (벽 속 매립)
1.2mm 이상	1.6mm 이상	3mm 이상	4mm 이상

답 ④

★★★
71 22.09.문65 19.03.문74 17.05.문67 17.03.문79 16.05.문74 15.09.문64 15.05.문61 14.09.문75 14.03.문77 13.03.문68 12.03.문61 09.05.문76

비상조명등의 화재안전기준에 따른 휴대용 비상조명등의 설치기준 중 틀린 것은?

① 어둠 속에서 위치를 확인할 수 있도록 할 것
② 사용시 자동으로 점등되는 구조일 것
③ 건전지를 사용하는 경우에는 상시 충전되도록 할 것
④ 외함은 난연성능이 있을 것

해설 ③ 상시 충전되도록 할 것 → 방전방지조치를 할 것

휴대용 비상조명등의 **설치기준**

설치개수	설치장소
1개 이상	• **숙박시설** 또는 **다중이용업소**에는 객실 또는 영업장 안의 구획된 실마다 잘 보이는 곳(외부에 설치시 출입문 손잡이로부터 **1m 이내** 부분)
3개 이상	• **지하상가** 및 **지하역사**의 **보행거리** 25m 이내마다 • **대규모점포(백화점 · 대형점 · 쇼핑센터)** 및 **영화상영관**의 **보행거리 50m** 이내마다

(1) 바닥으로부터 **0.8~1.5m** 이하의 높이에 설치할 것
(2) 어둠 속에서 **위치**를 **확인**할 수 있도록 할 것 보기 ①
(3) 사용시 **자동**으로 **점등**되는 구조일 것 보기 ②
(4) 외함은 **난연성능**이 있을 것 보기 ④
(5) 건전지를 사용하는 경우에는 **방전방지조치**를 하여야 하고, **충전식 배터리**의 경우에는 **상시 충전**되도록 할 것 보기 ③
(6) 건전지 및 충전식 배터리의 용량은 **20분** 이상 유효하게 사용할 수 있는 것으로 할 것

답 ③

★★
72 17.03.문76 11.06.문76

피난구유도등의 설치 제외기준 중 틀린 것은?

① 거실 각 부분으로부터 하나의 출입구에 이르는 보행거리가 20m 이하이고 비상조명등과 유도표지가 설치된 거실의 출입구
② 바닥면적이 $1000m^2$ 미만인 층으로서 옥내로부터 직접 지상으로 통하는 출입구(외부의 식별이 용이한 경우에 한한다.)
③ 출입구가 2 이상 있는 거실로서 그 거실 각 부분으로부터 하나의 출입구에 이르는 보행거리가 10m 이하인 경우에는 주된 출입구 2개소 외의 출입구
④ 대각선 길이가 15m 이내인 구획된 실의 출입구

해설  ③ 2 이상 → 3 이상, 10m → 30m

피난구유도등의 **설치 제외 장소**
(1) 옥내에서 직접 지상으로 통하는 출입구(바닥면적 **$1000m^2$** 미만 층) 보기 ②
(2) **대각선** 길이가 **15m 이내**인 구획된 실의 출입구 보기 ④
(3) 비상조명등 · 유도표지가 설치된 거실 출입구(거실 각 부분에서 출입구까지의 **보행거리 20m** 이하) 보기 ①
(4) 출입구가 **3 이상**인 거실(거실 각 부분에서 출입구까지의 **보행거리 30m** 이하는 주된 출입구 **2개소 외**의 출입구) 보기 ③

비교

(1) **휴대용 비상조명등의 설치 제외 장소** : 복도 · 통로 · 창문 등을 통해 **피**난이 용이한 경우(**지상 1층 · 피난층**)

기억법 **휴피(휴지로 피닦아!)**

(2) **통로유도등의 설치 제외 장소**
㉠ 길이 **30m** 미만의 복도 · 통로(구부러지지 않은 복도 · 통로)
㉡ 보행거리 **20m** 미만의 복도 · 통로(출입구에 **피난구유도등**이 설치된 복도 · 통로)

(3) **객석유도등의 설치 제외 장소**
㉠ **채광**이 충분한 객석(**주간**에만 사용)
㉡ **통**로유도등이 설치된 객석(거실 각 부분에서 거실 출입구까지의 **보행거리 20m** 이하)

기억법 **채객보통(채소는 객관적으로 보통이다.)**

답 ③

★★★
73 자동화재탐지설비 및 시각경보장치의 화재안전기준에 따라 부착높이 20m 이상에 설치되는 광전식 중 아날로그방식의 감지기는 공칭감지농도 하한값이 감광률 몇 %/m 미만인 것으로 하는가?

1.09.문70 6.10.문66 5.05.문74 8.03.문75

① 5　② 10
③ 15　④ 20

해설

① 부착높이 **20m** 이상에 설치되는 광전식 중 아날로그방식의 감지기는 공칭감지농도 하한값이 감광률 **5%/m** 미만인 것으로 한다.

감지기의 **부착높이**(NFPC 203 7조, NFTC 203 2.4.1)

부착높이	감지기의 종류
8~15m 미만	• 차동식 분포형 • 이온화식 1종 또는 2종 • 광전식(스포트형, 분리형, 공기흡입형) 1종 또는 2종 • 연기복합형 • 불꽃감지기
15~20m 미만	• 이온화식 1종 • 광전식(스포트형, 분리형, 공기흡입형) 1종 • 연기복합형 • 불꽃감지기
20m 이상	• 불꽃감지기 • 광전식(분리형, 공기흡입형) 중 아날로그방식

답 ①

★★★
74 소방시설용 비상전원수전설비에서 전력수급용 계기용 변성기·주차단장치 및 그 부속기기로 정의되는 것은?

8.04.문70 5.09.문61 5.03.문70 2.09.문78 1.06.문72 09.05.문69

① 큐비클설비　② 배전반설비
③ 수전설비　④ 변전설비

해설

③ 수전설비 : 전력수급용 **계기용 변성기·주차단장치** 및 그 **부속기기**

소방시설용 비상전원수전설비(NFPC 602 3조, NFTC 602 1.7)

용 어	설 명
수전설비	전력수급용 **계기용 변성기·주차단장치** 및 그 **부속기기** 기억법 **수변주**
변전설비	**전력용 변압기** 및 그 **부속장치**
전용 큐비클식	**소방회로용**의 것으로 수전설비, 변전설비, 그 밖의 기기 및 배선을 금속제 외함에 수납한 것
공용 큐비클식	**소방회로** 및 **일반회로 겸용**의 것으로서 수전설비, 변전설비, 그 밖의 기기 및 배선을 금속제 외함에 수납한 것
소방회로	소방부하에 전원을 공급하는 전기회로
일반회로	소방회로 이외의 전기회로
전용 배전반	**소방회로 전용**의 것으로서 **개폐기, 과전류차단기, 계기**, 그 밖의 배선용 기기 및 배선을 금속제 외함에 수납한 것
공용 배전반	**소방회로** 및 **일반회로 겸용**의 것으로서 개폐기, 과전류차단기, 계기, 그 밖의 배선용 기기 및 배선을 금속제 외함에 수납한 것
전용 분전반	**소방회로 전용**의 것으로서 **분기개폐기, 분기과전류차단기**, 그 밖의 배선용 기기 및 배선을 금속제 외함에 수납한 것
공용 분전반	**소방회로** 및 **일반회로 겸용**의 것으로서 분기개폐기, 분기과전류차단기, 그 밖의 배선용 기기 및 배선을 금속제 외함에 수납한 것

답 ③

★★★
75 무선통신보조설비의 화재안전기준에 따라 무선통신보조설비의 누설동축케이블 및 동축케이블은 화재에 따라 해당 케이블의 피복이 소실된 경우에 케이블 본체가 떨어지지 아니하도록 몇 m 이내마다 금속제 또는 자기제 등의 지지금구로 벽·천장·기둥 등에 견고하게 고정시켜야 하는가? (단, 불연재료로 구획된 반자 안에 설치하지 않은 경우이다.)

22.04.문65 20.08.문65 19.03.문80 17.05.문68 16.10.문72 15.09.문78 14.05.문78 12.05.문78 10.05.문76 08.09.문70

① 1　② 1.5
③ 2.5　④ 4

해설 **누설동축케이블**의 **설치기준**

(1) 소방전용 주파수대에서 전파의 **전송** 또는 **복사**에 적합한 것으로서 소방전용의 것
(2) 누설동축케이블과 이에 접속하는 안테나 또는 동축케이블과 이에 접속하는 안테나
(3) 누설동축케이블 및 동축케이블은 화재에 따라 해당 케이블의 피복이 소실된 경우에 케이블 본체가 떨어지지 아니하도록 **4m** 이내마다 금속제 또는 자기제 등의 지지금구로 벽·천장·기둥 등에 견고하게 고정시킬 것(단, 불연재료로 구획된 반자 안에 설치하는 경우 제외) 보기 ④
(4) **누설동축케이블** 및 **안테나**는 **고**압전로로부터 **1.5m** 이상 떨어진 위치에 설치(단, 해당 전로에 **정전기 차폐장치**를 유효하게 설치한 경우에는 제외)
(5) 누설동축케이블의 끝부분에는 **무반사종단저항**을 설치

기억법 **누고15**

용어

무반사종단저항
전송로로 전송되는 전자파가 전송로의 종단에서 반사되어 **교신**을 **방해**하는 것을 막기 위한 저항

답 ④

★★★
76 비상경보설비 및 단독경보형감지기의 화재안전기준에 따른 용어에 대한 정의로 틀린 것은?

22.03.문78
19.04.문77
14.09.문67
13.03.문75

① 비상벨설비라 함은 화재발생상황을 경종으로 경보하는 설비를 말한다.
② 자동식 사이렌설비라 함은 화재발생상황을 사이렌으로 경보하는 설비를 말한다.
③ 수신기라 함은 발신기에서 발하는 화재신호를 간접 수신하여 화재의 발생을 표시 및 경보하여 주는 장치를 말한다.
④ 단독경보형 감지기라 함은 화재발생상황을 단독으로 감지하여 자체에 내장된 음향장치로 경보하는 감지기를 말한다.

해설

③ 간접 → 직접

비상경보설비에 **사용**되는 **용어**

용 어	설 명
비상벨설비 보기 ①	화재발생상황을 **경종**으로 경보하는 설비
자동식 사이렌설비 보기 ②	화재발생상황을 **사이렌**으로 경보하는 설비
발신기	화재발생신호를 수신기에 **수동**으로 **발신**하는 장치
수신기 보기 ③	발신기에서 발하는 **화재신호**를 **직접 수신**하여 화재의 발생을 **표시** 및 **경보**하여 주는 장치
단독경보형 감지기 보기 ④	화재발생상황을 **단독**으로 **감지**하여 **자체**에 **내장**된 **음향장치**로 경보하는 감지기

비교

비상방송설비에 **사용**되는 **용어**

용 어	설 명
확성기 (스피커)	소리를 크게 하여 멀리까지 전달될 수 있도록 하는 장치
음량조절기	**가변저항**을 이용하여 **전류**를 **변화**시켜 음량을 크게 하거나 작게 조절할 수 있는 장치
증폭기	전압전류의 **진폭**을 늘려 감도를 좋게 하고 미약한 **음성전류**를 커다란 음성전류로 변화시켜 **소리**를 **크게** 하는 장치

답 ③

★★★
77 부착높이 3m, 바닥면적 $50m^2$인 주요구조부를 내화구조로 한 소방대상물에 1종 열반도체식 차동식 분포형 감지기를 설치하고자 할 때 감지부의 최소 설치개수는?

19.04.문73
14.09.문77
13.09.문71
05.03.문79

① 1개
② 2개
③ 3개
④ 4개

해설 **열반도체식 감지기**

(단위 : m^2)

부착높이 및 소방대상물의 구분		감지기의 종류	
		1종	2종
8m 미만	내화구조 →	65	36
	기타구조	40	23
8~15m 미만	내화구조	50	36
	기타구조	30	23

1종 감지기 1개가 담당하는 바닥면적은 $65m^2$이므로

$\frac{50}{65} = 0.77 \fallingdotseq 1$개

• 하나의 검출기에 접속하는 감지부는 **2~15개** 이하이지만 부착높이가 **8m** 미만이고 바닥면적이 **기준면적 이하**인 경우 1개로 할 수 있다. 그러므로 최소개수는 2개가 아닌 **1개**가 되는 것이다. **주의!**

답 ①

★★
78 무선통신보조설비의 화재안전기준에 따라 무선통신보조설비의 누설동축케이블 또는 동축케이블의 임피던스는 몇 Ω으로 하여야 하는가?

21.09.문75
16.03.문61
11.10.문74

① 5
② 10
③ 30
④ 50

해설 **누설동축케이블·동축케이블**의 **임피던스** : **50Ω** 보기 ④

참고

무선통신보조설비의 **분배기·분파기·혼합기 설치기준**
(1) 먼지·습기·부식 등에 이상이 없을 것
(2) 임피던스 **50Ω**의 것
(3) 점검이 편리하고 화재 등의 피해 우려가 없는 장소

답 ④

☆☆☆
79 누전경보기의 구성요소에 해당하지 않는 것은?

22.03.문38
19.03.문37
17.09.문69
15.09.문21
14.09.문69
13.03.문62

① 차단기
② 영상변류기(ZCT)
③ 음향장치
④ 발신기

해설 **누전경보기의 구성요소**

구성요소	설 명
영상**변**류기(ZCT)	**누설전류**를 **검출**한다. 기억법 **변검(변검술)**
수신기	**누설전류**를 **증폭**한다.
음향장치	경보를 발한다.
차단기	차단릴레이를 포함한다.

기억법 **변수음차**

- 소방에서는 변류기(CT)와 영상변류기(ZCT)를 혼용하여 사용한다.

답 ④

☆☆☆
80 유도등의 전선의 굵기는 인출선인 경우 단면적이 몇 mm^2 이상이어야 하는가?

22.04.문71
21.09.문71
20.09.문78
20.08.문77
13.09.문67

① $0.25mm^2$
② $0.5mm^2$
③ $0.75mm^2$
④ $1.25mm^2$

해설 **비상조명등 · 유도등의 일반구조**

(1) 전선의 굵기

인출선 보기 ③	인출선 외
0.**75**mm^2 이상	0.5mm^2 이상

(2) 인출선의 길이 : **150mm 이상**

기억법 **인75(인(사람) 치료)**

답 ③

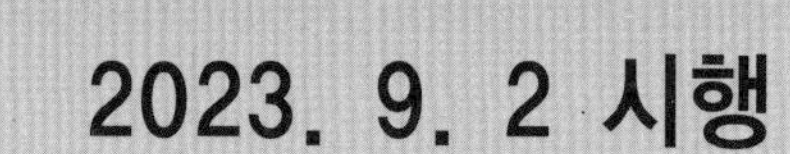

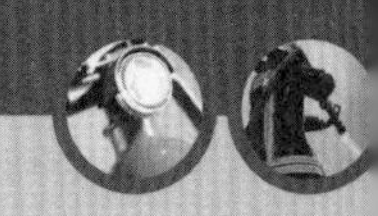

2023년 기사 제4회 필기시험 CBT 기출복원문제

자격종목	종목코드	시험시간	형별	수험번호	성명
소방설비기사(전기분야)		2시간			

※ 각 문항은 4지택일형으로 질문에 가장 적합한 보기 항을 선택하여 체크하여야 합니다.

제 1 과목 소방원론

01 방호공간 안에서 화재의 세기를 나타내고 화재가 진행되는 과정에서 온도에 따라 변하는 것으로 온도-시간 곡선으로 표시할 수 있는 것은?

19.04.문16
02.03.문19

유사문제부터 풀어보세요. 실력이 팍!팍! 올라갑니다.

① 화재저항
② 화재가혹도
③ 화재하중
④ 화재플럼

해설

구 분	화재하중(fire load)	화재가혹도(fire severity)
정의	화재실 또는 화재구획의 단위바닥면적에 대한 등가 가연물량값	① 화재의 양과 질을 반영한 화재의 강도 ② 방호공간 안에서 화재의 세기를 나타냄 보기 ②
계산식	화재하중 $q=\frac{\Sigma G_t H_t}{HA}=\frac{\Sigma Q}{4500A}$ 여기서, q : 화재하중[kg/m^2] G_t : 가연물의 양[kg] H_t : 가연물의 단위발열량[kcal/kg] H : 목재의 단위발열량[kcal/kg] A : 바닥면적[m^2] ΣQ : 가연물의 전체 발열량[kcal]	화재가혹도 =지속시간×최고온도 보기 ② 화재시 지속시간이 긴 것은 가연물량이 많은 양적 개념이며, 연소시 최고온도는 최성기 때의 온도로서 화재의 질적 개념이다.
비교	① 화재의 **규모**를 판단하는 척도 ② **주수시간**을 결정하는 인자	① 화재의 **강도**를 판단하는 척도 ② **주수율**을 결정하는 인자

용어

화재플럼	화재저항
상승력이 커진 부력에 의해 연소가스와 유입공기가 상승하면서 화염이 섞인 연기 기둥형태를 나타내는 현상	화재시 최고온도의 지속 시간을 견디는 내력

답 ②

02 소화원리에 대한 일반적인 소화효과의 종류가 아닌 것은?

22.04.문05
17.09.문03
12.09.문09

① 질식소화
② 기압소화
③ 제거소화
④ 냉각소화

해설 **소화의 형태**

구 분	설 명
냉각소화 보기 ④	① **점화원**을 냉각하여 소화하는 방법 ② **증**발잠열을 이용하여 열을 빼앗아 가연물의 온도를 떨어뜨려 화재를 진압하는 소화방법 ③ **다량**의 **물**을 뿌려 소화하는 방법 ④ 가연성 물질을 **발화점 이하**로 **냉각**하여 소화하는 방법 ⑤ **식용유화재**에 신선한 **야채**를 넣어 소화하는 방법 ⑥ 용융잠열에 의한 **냉각효과**를 이용하여 소화하는 방법 기억법 **냉점증발**
질식소화 보기 ①	① 공기 중의 **산소농도**를 **16%**(10~15%) 이하로 희박하게 하여 소화하는 방법 ② 산화제의 농도를 낮추어 연소가 지속될 수 없도록 소화하는 방법 ③ 산소공급을 차단하여 소화하는 방법 ④ 산소의 농도를 낮추어 소화하는 방법 ⑤ 화학반응으로 발생한 **탄산가스**에 의한 소화방법 기억법 **질산**
제거소화 보기 ③	**가연물**을 **제거**하여 소화하는 방법

부촉매 소화 (=화학 소화)	① **연쇄반응**을 **차단**하여 소화하는 방법 ② 화학적인 방법으로 화재를 억제하여 소화하는 방법 ③ **활성기**(free radical, 자유라디칼)의 **생성**을 **억제**하여 소화하는 방법 ④ 할론계 소화약제 기억법 부억(부엌)
희석소화	① 기체·고체·액체에서 나오는 분해가스나 증기의 농도를 낮춰 소화하는 방법 ② 불연성 가스의 **공기** 중 **농도**를 높여 소화하는 방법

답 ②

03 위험물안전관리법상 위험물의 정의 중 다음 ( ) 안에 알맞은 것은?

17.03.문52

> 위험물이라 함은 (㉠) 또는 발화성 등의 성질을 가지는 것으로서 (㉡)이/가 정하는 물품을 말한다.

① ㉠ 인화성, ㉡ 대통령령
② ㉠ 휘발성, ㉡ 국무총리령
③ ㉠ 인화성, ㉡ 국무총리령
④ ㉠ 휘발성, ㉡ 대통령령

위험물법 2조

용어의 정의

용 어	뜻
위험물	**인화성** 또는 **발화성** 등의 성질을 가지는 것으로서 **대통령령**이 정하는 물품 보기 ①
지정수량	위험물의 종류별로 위험성을 고려하여 대통령령이 정하는 수량으로서 제조소 등의 설치허가 등에 있어서 **최저**의 기준이 되는 **수량**
제조소	위험물을 제조할 목적으로 **지정수량 이상**의 위험물을 취급하기 위하여 허가를 받은 장소
저장소	지정수량 이상의 위험물을 저장하기 위한 **대통령령**이 정하는 장소
취급소	지정수량 이상의 위험물을 제조 외의 목적으로 취급하기 위한 대통령령이 정하는 장소
제조소 등	제조소·저장소·취급소

답 ①

인화점이 낮은 것부터 높은 순서로 옳게 나열된 것은?

21.03.문14 18.04.문05 15.09.문02 14.05.문05 14.03.문10 12.03.문01 11.06.문09 11.03.문12 10.05.문11

① 에틸알코올< 이황화탄소< 아세톤
② 이황화탄소< 에틸알코올< 아세톤
③ 에틸알코올< 아세톤< 이황화탄소
④ 이황화탄소< 아세톤< 에틸알코올

해설

물 질	인화점	착화점
• 프로필렌	−107℃	497℃
• 에틸에테르 • 디에틸에테르	−45℃	180℃
• 가솔린(휘발유)	−43℃	300℃
• 이황화탄소	−30℃	**100℃**
• 아세틸렌	−18℃	335℃
• 아세톤	−18℃	**538℃**
• 벤젠	−11℃	562℃
• 톨루엔	4.4℃	480℃
• 에틸알코올	13℃	**423℃**
• 아세트산	40℃	−
• 등유	43~72℃	210℃
• 경유	50~70℃	200℃
• 적린	−	260℃

답 ④

05 상온·상압의 공기 중에서 탄화수소류의 가연물을 소화하기 위한 이산화탄소 소화약제의 농도는 약 몇 %인가? (단, 탄화수소류는 산소농도가 10%일 때 소화된다고 가정한다.)

22.03.문09 21.09.문03 19.04.문13 17.03.문14 15.03.문14 14.05.문07 12.05.문14

① 28.57　② 35.48
③ 49.56　④ 52.38

해설 (1) **기호**

• O_2 : 10%

(2) **CO_2의 농도**(이론소화농도)

$$CO_2 = \frac{21 - O_2}{21} \times 100$$

여기서, CO_2 : CO_2의 이론소화농도[vol%] 또는 약식으로 [%]
O_2 : 한계산소농도[vol%] 또는 약식으로 [%]

$$CO_2 = \frac{21 - O_2}{21} \times 100 = \frac{21 - 10}{21} \times 100 ≒ 52.38\%$$

답 ④

06 건축물에 설치하는 방화벽의 구조에 대한 기준 중 틀린 것은?

19.09.문14 19.04.문02 18.03.문14 17.07.문16 13.03.문16 12.03.문10 08.09.문05

① 내화구조로서 홀로 설 수 있는 구조이어야 한다.
② 방화벽의 양쪽 끝은 지붕면으로부터 0.2m 이상 튀어나오게 하여야 한다.
③ 방화벽의 위쪽 끝은 지붕면으로부터 0.5m 이상 튀어나오게 하여야 한다.
④ 방화벽에 설치하는 출입문은 너비 및 높이가 각각 2.5m 이하로 해당 출입문에는 60분+방화문 또는 60분 방화문을 설치하여야 한다.

해설 ② 0.2m → 0.5m

건축령 제57조
방화벽의 구조

대상 건축물	• 주요구조부가 내화구조 또는 불연재료가 아닌 연면적 $1000m^2$ 이상인 건축물
구획단지	• 연면적 $1000m^2$ 미만마다 구획
방화벽의 구조	• **내화구조**로서 홀로 설 수 있는 구조일 것 보기 ① • 방화벽의 양쪽 끝과 위쪽 끝을 건축물의 외벽면 및 지붕면으로부터 **0.5m** 이상 튀어나오게 할 것 보기 ②③ • 방화벽에 설치하는 **출입문**의 **너비** 및 높이는 각각 **2.5m** 이하로 하고 해당 출입문에는 60분+방화문 또는 60분 방화문을 설치할 것 보기 ④

답 ②

★★★
07 분말소화약제 중 탄산수소칼륨($KHCO_3$)과 요소($(NH_2)_2CO$)와의 반응물을 주성분으로 하는 소화약제는?

22.04.문18 20.09.문07 19.03.문01 18.04.문06 17.09.문10 17.03.문18 16.10.문06 16.10.문10 16.05.문15 16.03.문09 16.03.문11 15.05.문08 12.09.문15 09.03.문01

① 제1종 분말
② 제2종 분말
③ 제3종 분말
④ 제4종 분말

해설 **분말소화약제**

종 별	분자식	착 색	적응 화재	비 고
제1종	탄산수소나트륨 ($NaHCO_3$)	백색	BC급	**식용유** 및 **지방질유**의 화재에 적합 기억법 1식분(일식 분식)
제2종	탄산수소칼륨 ($KHCO_3$)	담자색 (담회색)	BC급	–
제3종	제1인산암모늄 ($NH_4H_2PO_4$)	담홍색	ABC급	**차고**·**주차장**에 적합 기억법 3분 차주 (삼보 컴퓨터 차주)
제4종 보기 ④	**탄산수소칼륨 +요소** ($KHCO_3$+ $(NH_2)_2CO$)	회(백)색	BC급	–

답 ④

★
08 가스 A가 40vol%, 가스 B가 60vol%로 혼합된 가스의 연소하한계는 몇 vol%인가? (단, 가스 A의 연소하한계는 4.9vol%이며, 가스 B의 연소하한계는 4.15vol%이다.)

13.09.문05

① 1.82 ② 2.02
③ 3.22 ④ 4.42

해설 **폭발하한계**

$$\frac{100}{L}=\frac{V_1}{L_1}+\frac{V_2}{L_2}+\cdots\cdots+\frac{V_n}{L_n}$$

여기서, L: 혼합가스의 폭발하한계[vol%]
L_1, L_2, L_n : 가연성 가스의 폭발하한계[vol%]
V_1, V_2, V_n : 가연성 가스의 용량[vol%]

폭발하한계 L은

$$L=\frac{100}{\frac{V_1}{L_1}+\frac{V_2}{L_2}+\cdots\cdots+\frac{V_n}{L_n}}$$
$$=\frac{100}{\frac{40}{4.9}+\frac{60}{4.15}}$$
$$\fallingdotseq 4.42\text{vol\%}$$

연소하한계 = 폭발하한계

답 ④

★★★
09 BLEVE 현상을 설명한 것으로 가장 옳은 것은?

19.09.문15 18.09.문08 17.03.문17 16.05.문02 15.03.문01 14.09.문12 14.03.문01 09.05.문10 05.09.문07 05.05.문07 03.03.문11 02.03.문20

① 물이 뜨거운 기름 표면 아래에서 끓을 때 화재를 수반하지 않고 Over flow되는 현상
② 물이 연소유의 뜨거운 표면에 들어갈 때 발생되는 Over flow 현상
③ 탱크바닥에 물과 기름의 에멀션이 섞여 있을 때 물의 비등으로 인하여 급격하게 Over flow되는 현상
④ 탱크 주위 화재로 탱크 내 인화성 액체가 비등하고 가스부분의 압력이 상승하여 탱크가 파괴되고 폭발을 일으키는 현상

해설 **가스탱크·건축물 내**에서 **발생**하는 **현상**
(1) **가스탱크**

현 상	정 의
블래비 (BLEVE)	• 과열상태의 탱크에서 내부의 액화가스가 분출하여 기화되어 폭발하는 현상 • 탱크 주위 화재로 탱크 내 인화성 액체가 비등하고 가스부분의 압력이 상승하여 탱크가 파괴되고 폭발을 일으키는 현상 보기 ④

(2) 건축물 내

현 상	정 의
플래시오버 (flash over)	• 화재로 인하여 실내의 온도가 급격히 상승하여 화재가 순간적으로 실내 전체에 확산되어 연소되는 현상
백드래프트 (back draft)	• **통기력**이 좋지 않은 상태에서 연소가 계속되어 산소가 심히 부족한 상태가 되었을 때 **개구부**를 통하여 산소가 공급되면 실내의 가연성 혼합기가 공급되는 **산소**의 **방향**과 **반대**로 흐르며 급격히 연소하는 현상 • 소방대가 소화활동을 위하여 화재실의 문을 개방할 때 신선한 공기가 유입되어 실내에 축적되었던 가연성 가스가 **단시간**에 **폭발적**으로 **연소**함으로써 화재가 폭풍을 동반하며 **실외**로 **분출**되는 현상

중요

유류탱크에서 **발생**하는 **현상**

현 상	정 의
보일오버 (boil over)	• 중질유의 석유탱크에서 장시간 조용히 연소하다 탱크 내의 잔존기름이 갑자기 분출하는 현상 • 유류탱크에서 탱크바닥에 물과 기름의 **에멀션**이 섞여 있을 때 이로 인하여 화재가 발생하는 현상 • 연소유면으로부터 100℃ 이상의 열파가 탱크 **저부**에 고여 있는 물을 비등하게 하면서 연소유를 탱크 밖으로 비산시키며 연소하는 현상 기억법 보저(보자기)
오일오버 (oil over)	• 저장탱크에 저장된 유류저장량이 내용적의 50% 이하로 충전되어 있을 때 화재로 인하여 탱크가 폭발하는 현상
프로스오버 (froth over)	• 물이 점성의 뜨거운 기름 표면 아래에서 끓을 때 화재를 수반하지 않고 용기가 넘치는 현상
슬롭오버 (slop over)	• 물이 연소유의 뜨거운 표면에 들어갈 때 기름 표면에서 화재가 발생하는 현상 • 유화제로 소화하기 위한 물이 수분의 급격한 증발에 의하여 액면이 거품을 일으키면서 열유층 밑의 냉유가 급히 열팽창하여 기름의 일부가 불이 붙은 채 탱크벽을 넘어서 일출하는 현상

답 ④

★★★
10 제1종 분말소화약제의 열분해반응식으로 옳은 것은?

19.03.문01 18.04.문06 17.09.문10 16.10.문06 16.10.문10 16.10.문11 16.05.문15 16.05.문17 16.03.문09 15.09.문01 15.05.문08 14.09.문10

① $2NaHCO_3 \rightarrow Na_2CO_3 + CO_2 + H_2O$
② $2KHCO_3 \rightarrow K_2CO_3 + CO_2 + H_2O$
③ $2NaHCO_3 \rightarrow Na_2CO_3 + 2CO_2 + H_2O$
④ $2KHCO_3 \rightarrow K_2CO_3 + 2CO_2 + H_2O$

해설 **분말소화기(질식효과)**

종 별	소화약제	약제의 착색	화학반응식	적응 화재
제1종	탄산수소 나트륨 ($NaHCO_3$)	백색	$2NaHCO_3 \rightarrow Na_2CO_3+CO_2+H_2O$ 보기 ①	BC급
제2종	탄산수소 칼륨 ($KHCO_3$)	담자색 (담회색)	$2KHCO_3 \rightarrow K_2CO_3+CO_2+H_2O$	BC급
제3종	인산암모늄 ($NH_4H_2PO_4$)	담홍색	$NH_4H_2PO_4 \rightarrow HPO_3+NH_3+H_2O$	ABC급
제4종	탄산수소 칼륨+요소 ($KHCO_3$+$(NH_2)_2CO$)	회(백)색	$2KHCO_3+(NH_2)_2CO \rightarrow K_2CO_3+2NH_3+2CO_2$	BC급

• 탄산수소나트륨 = 중탄산나트륨
• 탄산수소칼륨 = 중탄산칼륨
• 제1인산암모늄 = 인산암모늄 = 인산염
• 탄산수소칼륨 + 요소 = 중탄산칼륨 + 요소

답 ①

★★★
11 열경화성 플라스틱에 해당하는 것은?

20.09.문04 18.03.문03 13.06.문15 10.09.문07 06.05.문20

① 폴리에틸렌
② 염화비닐수지
③ 페놀수지
④ 폴리스티렌

해설 **합성수지**의 **화재성상**

열가소성 수지	열경화성 수지
• PVC수지 • 폴리에틸렌수지 • 폴리스티렌수지	• 페놀수지 보기 ③ • 요소수지 • 멜라민수지

• 수지 = 플라스틱

용어

열가소성 수지	열경화성 수지
열에 의해 변형되는 수지	열에 의해 변형되지 않는 수지

기억법 열가P폴

답 ③

★

12 제4류 위험물의 물리·화학적 특성에 대한 설명으로 틀린 것은?

18.09.문07

① 증기비중은 공기보다 크다.
② 정전기에 의한 화재발생위험이 있다.
③ 인화성 액체이다.
④ 인화점이 높을수록 증기발생이 용이하다.

해설 ④ 인화점이 높을수록 → 인화점이 낮을수록

제4류 위험물

(1) 증기비중은 공기보다 크다. 보기 ①
(2) 정전기에 의한 화재발생위험이 있다. 보기 ②
(3) 인화성 액체이다. 보기 ③
(4) 인화점이 낮을수록 증기발생이 용이하다. 보기 ④
(5) 상온에서 **액체상태**이다(**가연성 액체**).
(6) 상온에서 **안정**하다.

답 ④

★★★

13 폭굉(detonation)에 관한 설명으로 틀린 것은?

22.04.문13
16.05.문14
03.05.문10

① 연소속도가 음속보다 느릴 때 나타난다.
② 온도의 상승은 충격파의 압력에 기인한다.
③ 압력상승은 폭연의 경우보다 크다.
④ 폭굉의 유도거리는 배관의 지름과 관계가 있다.

해설 ① 느릴 때 → 빠를 때

연소반응(전파형태에 따른 분류)

폭연(deflagration)	**폭굉**(detonation)
연소속도가 음속보다 느릴 때 발생	① 연소속도가 음속보다 빠를 때 발생 보기 ① ② 온도의 상승은 **충격파**의 압력에 기인한다. 보기 ② ③ 압력상승은 **폭연**의 경우보다 **크다**. 보기 ③ ④ 폭굉의 **유도거리**는 배관의 **지름**과 **관계**가 있다. 보기 ④

※ **음속**: 소리의 속도로서 약 **340m/s**이다.

답 ①

★★★

14 비수용성 유류의 화재시 물로 소화할 수 없는 이유는?

19.03.문04
15.09.문06
15.09.문13
14.03.문06
12.09.문16
12.05.문05

① 인화점이 변하기 때문
② 발화점이 변하기 때문
③ 연소면이 확대되기 때문
④ 수용성으로 변하여 인화점이 상승하기 때문

해설 **경유화재시 주수소화가 부적당한 이유**

물보다 비중이 가벼워 물 위에 떠서 **화재면 확대**의 우려가 있기 때문이다.(연소면 확대)

중요

주수소화(물소화)시 위험한 물질

위험물	발생물질
• 무기과산화물	**산소**(O_2) 발생
• 금속분 • 마그네슘 • 알루미늄 • 칼륨 • 나트륨 • 수소화리튬	**수소**(H_2) 발생
• 가연성 액체의 유류화재(경유)	**연소면**(화재면) 확대

답 ③

★★★

15 포소화약제 중 고팽창포로 사용할 수 있는 것은?

17.09.문05
15.05.문09
15.05.문20
13.06.문03

① 단백포
② 불화단백포
③ 내알코올포
④ 합성계면활성제포

해설 **포소화약제**

저팽창포	고팽창포
• 단백포소화약제 • 수성막포소화약제 • 내알코올형포소화약제 • 불화단백포소화약제 • 합성계면활성제포소화약제	• **합**성계면활성제포소화약제 보기 ④ 기억법 **고합**(**고합**그룹)

• 저팽창포=저발포
• 고팽창포=고발포

중요

포소화약제의 **특징**

약제의 종류	특 징
단백포	• 흑갈색이다. • 냄새가 지독하다. • 포안정제로서 **제1철염**을 첨가한다. • 다른 포약제에 비해 **부식성**이 **크다**.
수성막포	• 안전성이 좋아 장기보관이 가능하다. • 내약품성이 좋아 **분말소화약제**와 **겸용** 사용이 가능하다. • 석유류 표면에 신속히 피막을 형성하여 유류증발을 억제한다. • 일명 **AFFF**(**A**queous **F**ilm **F**orming **F**oam)라고 한다. • 점성이 작기 때문에 가연성 기름의 표면에서 쉽게 피막을 형성한다. • 단백포 소화약제와도 병용이 가능하다. 기억법 **분수**

내알코올형포 (내알코올포)	• 알코올류 위험물(**메탄올**)의 소화에 사용한다. • 수용성 유류화재(**아세트알데히드, 에스테르류**)에 사용한다. • 가연성 액체에 사용한다.
불화단백포	• 소화성능이 가장 우수하다. • 단백포와 수성막포의 결점인 열안정성을 보완시킨다. • **표면하 주입방식**에도 적합하다.
합성계면 활성제포	• **저**팽창포와 **고**팽창포 모두 사용 가능하다. • 유동성이 좋다. • 카바이트 저장소에는 부적합하다. 기억법 **합저고**

답 ④

16 할로겐원소의 소화효과가 큰 순서대로 배열된 것은?

17.09.문15 15.03.문16 12.03.문04

① I > Br > Cl > F ② Br > I > F > Cl
③ Cl > F > I > Br ④ F > Cl > Br > I

해설 **할론소화약제**

부촉매효과(소화효과) 크기	전기음성도(친화력) 크기
I > Br > Cl > F	F > Cl > Br > I

• 소화효과=소화능력
• 전기음성도 크기=수소와의 결합력 크기

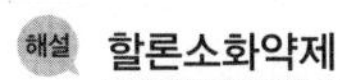

할로겐족 원소
(1) 불소 : F
(2) 염소 : Cl
(3) 브롬(취소) : Br
(4) 요오드(옥소) : I

기억법 FClBrI

답 ①

17 인화알루미늄의 화재시 주수소화하면 발생하는 물질은?

20.06.문12 18.04.문18

① 수소 ② 메탄
③ 포스핀 ④ 아세틸렌

해설 **인화알루미늄**과 **물**과의 반응식 보기 ③

$AlP + 3H_2O \rightarrow Al(OH)_3 + PH_3$
인화알루미늄 물 수산화알루미늄 포스핀=인화수소

비교

(1) 인화칼슘과 물의 반응식
$Ca_3P_2 + 6H_2O \rightarrow 3Ca(OH)_2 + 2PH_3\uparrow$
인화칼슘 물 수산화칼슘 포스핀
(2) 탄화알루미늄과 물의 반응식
$Al_4C_3 + 12H_2O \rightarrow 4Al(OH)_3 + 3CH_4\uparrow$
탄화알루미늄 물 수산화알루미늄 메탄

답 ③

18 Fourier법칙(전도)에 대한 설명으로 틀린 것은?

18.03.문13 17.09.문35 17.05.문33 16.10.문40

① 이동열량은 전열체의 단면적에 비례한다.
② 이동열량은 전열체의 두께에 비례한다.
③ 이동열량은 전열체의 열전도도에 비례한다.
④ 이동열량은 전열체 내·외부의 온도차에 비례한다.

② 비례 → 반비례

공식

(1) **전도**

$$Q = \frac{kA(T_2 - T_1)}{l}$$

← 비례 (분자), ← 반비례 (분모)

여기서, Q : 전도열[W]
k : 열전도율[W/m·K]
A : 단면적[m²]
$(T_2 - T_1)$: 온도차[K]
l : 벽체 두께[m]

(2) **대류**

$$Q = h(T_2 - T_1)$$

여기서, Q : 대류열[W/m²]
h : 열전달률[W/m²·℃]
$(T_2 - T_1)$: 온도차[℃]

(3) **복사**

$$Q = aAF(T_1^{\ 4} - T_2^{\ 4})$$

여기서, Q : 복사열[W]
a : 스테판-볼츠만 상수[W/m²·K4]
A : 단면적[m²]
F : 기하학적 Factor
T_1 : 고온[K]
T_2 : 저온[K]

중요

열전달의 종류

종류	설명	관련 법칙
전도 (conduction)	하나의 물체가 다른 물체와 직접 **접촉**하여 열이 이동하는 현상	**푸리에**(Fourier)의 법칙
대류 (convection)	**유체**의 흐름에 의하여 열이 이동하는 현상	**뉴턴**의 법칙
복사 (radiation)	① 화재시 화원과 **격리**된 인접 가연물에 불이 옮겨 붙는 현상 ② 열전달 **매질**이 **없이** 열이 전달되는 형태 ③ 열에너지가 **전자파**의 형태로 옮겨지는 현상으로, **가장 크게 작용**한다.	**스테판-볼츠만**의 법칙

답 ②

★★★
19 위험물의 유별 성질이 자연발화성 및 금수성 물질은 제 몇류 위험물인가?

17.05.문13
14.03.문51
13.03.문19

① 제1류 위험물
② 제2류 위험물
③ 제3류 위험물
④ 제4류 위험물

해설 **위험물령 〔별표 1〕**
위험물

유 별	성 질	품 명
제1류	산화성 고체	• 아염소산염류 • 염소산염류 • 과염소산염류 • 질산염류 • 무기과산화물
제2류	가연성 고체	• 황화린 • **적린** • **유황** • **철분** • 마그네슘
제3류	**자연발화성 물질** 및 **금수성 물질** 보기 ③	• 황린 • 칼륨 • 나트륨
제4류	인화성 액체	• 특수인화물 • 알코올류 • 석유류 • 동식물유류
제5류	자기반응성 물질	• 니트로화합물 • 유기과산화물 • 니트로소화합물 • 아조화합물 • 질산에스테르류(셀룰로이드)
제6류	산화성 액체	• 과염소산 • 과산화수소 • 질산

답 ③

★
20 물소화약제를 어떠한 상태로 주수할 경우 전기화재의 진압에서도 소화능력을 발휘할 수 있는가?

19.04.문14

① 물에 의한 봉상주수
② 물에 의한 적상주수
③ 물에 의한 무상주수
④ 어떤 상태의 주수에 의해서도 효과가 없다.

해설 **전기화재(변전실화재) 적응방법**
(1) 무상주수 보기 ③
(2) 할론소화약제 방사
(3) 분말소화설비
(4) 이산화탄소 소화설비
(5) 할로겐화합물 및 불활성기체 소화설비

참고

물을 **주수**하는 **방법**

주수방법	설 명
봉상주수	화점이 멀리 있을 때 또는 고체가연물의 대규모 화재시 사용 예 **옥내소화전**
적상주수	일반 고체가연물의 화재시 사용 예 **스프링클러헤드**
무상주수	화점이 가까이 있을 때 또는 질식효과, 에멀션효과를 필요로 할 때 사용 예 **물분무헤드**

답 ③

제 2 과목 소방전기일반

★★★
21 실리콘정류기(SCR)의 애노드전류가 10A일 때 게이트전류를 2배로 증가시키면 애노드전류〔A〕는?

19.03.문23
16.10.문27
15.05.문30

① 2.5
② 5
③ 10
④ 20

해설 **SCR**(Silicon Controlled Rectifier) : 처음에는 게이트전류에 의해 양극전류가 변화되다가 일단 완전도통상태가 되면 게이트전류에 관계없이 양극전류는 더 이상 변화하지 않는다. 그러므로 게이트전류를 2배로 늘려도 양극전류는 그대로 **10A**가 되는 것이다. (이것을 알라!!)

답 ③

★
22 대칭 n상의 환상결선에서 선전류와 상전류(환상전류) 사이의 위상차는?

20.08.문30

① $\frac{n}{2}\left(1-\frac{2}{\pi}\right)$ ② $\frac{n}{2}\left(1-\frac{\pi}{2}\right)$
③ $\frac{\pi}{2}\left(1-\frac{2}{n}\right)$ ④ $\frac{\pi}{2}\left(1-\frac{n}{2}\right)$

해설 **환상결선 n상의 위상차**

$$\theta=\frac{\pi}{2}-\frac{\pi}{n}$$

여기서, θ : 위상차
n : 상

• 환상결선=△결선

n상의 위상차 θ는

$\theta=\frac{\pi}{2}-\frac{\pi}{n}=\frac{\pi}{2}\left(1-\frac{2}{n}\right)$

비교

환상결선 n상의 선전류

$$I_l = \left(2 \times \sin\frac{\pi}{n}\right) \times I_p$$

여기서, I_l : 선전류〔A〕
n : 상
I_p : 상전류〔A〕

답 ③

★
23 공기 중에서 50kW 방사전력이 안테나에서 사방으로 균일하게 방사될 때, 안테나에서 1km 거리에 있는 점에서의 전계의 실효값은 약 몇 V/m인가?

20.08.문29

① 0.87 ② 1.22
③ 1.73 ④ 3.98

해설 (1) 기호
- P : 50kW=50000W(1kW=1000W)
- r : 1km=1000m(1km=1000m)
- E : ?

(2) 구의 단위면적당 전력

$$W = \frac{E^2}{377} = \frac{P}{4\pi r^2}$$

여기서, W : 구의 단위면적당 전력〔W/m²〕
E : 전계의 실효값〔V/m〕
P : 전력〔W〕
r : 거리〔m〕

$$\frac{E^2}{377} = \frac{P}{4\pi r^2}$$

$$E^2 = \frac{P}{4\pi r^2} \times 377$$

$$E = \sqrt{\frac{P}{4\pi r^2} \times 377} = \sqrt{\frac{50000}{4\pi \times 1000^2} \times 377} \fallingdotseq 1.22\text{V/m}$$

답 ②

★★
24 입력이 $r(t)$이고, 출력이 $c(t)$인 제어시스템이 다음의 식과 같이 표현될 때 이 제어시스템의 전달함수$\left(G(s) = \frac{C(s)}{R(s)}\right)$는? (단, 초기값은 0이다.)

21.05.문22
18.04.문36

$$2\frac{d^2c(t)}{dt^2} + 3\frac{dc(t)}{dt} + c(t) = 3\frac{dr(t)}{dt} + r(t)$$

① $\dfrac{3s+1}{2s^2+3s+1}$ ② $\dfrac{2s^2+3s+1}{s+3}$
③ $\dfrac{3s+1}{s^2+3s+2}$ ④ $\dfrac{s+3}{s^2+3s+2}$

해설 **미분방정식**

$$2\frac{d^2c(t)}{dt^2} + 3\frac{dc(t)}{dt} + c(t) = 3\frac{dr(t)}{dt} + r(t)$$

라플라스 변환하면

$$(2s^2+3s+1)C(s) = (3s+1)R(s)$$

전달함수 $G(s)$는

$$G(s) = \frac{C(s)}{R(s)} = \frac{3s+1}{2s^2+3s+1}$$

용어

전달함수
모든 초기값을 **0**으로 하였을 때 출력신호의 라플라스 변환과 입력신호의 라플라스 변환의 비

답 ①

★★★
25 반지름 20cm, 권수 50회인 원형 코일에 2A의 전류를 흘려주었을 때 코일 중심에서 자계(자기장)의 세기〔AT/m〕는?

20.06.문36
15.09.문26
09.03.문27

① 70 ② 100
③ 125 ④ 250

해설 (1) 기호
- a : 20cm=0.2m(100cm=1m)
- N : 50
- I : 2A
- H : ?

(2) **원형 코일 중심의 자계**

$$H = \frac{NI}{2a}\text{〔AT/m〕}$$

여기서, H : 자계의 세기〔AT/m〕
N : 코일권수
I : 전류〔A〕
a : 반지름〔m〕

자계의 세기 H는

$$H = \frac{NI}{2a} = \frac{50 \times 2}{2 \times 0.2} = 250\text{AT/m}$$

답 ④

★★★
26 논리식 $Y = \overline{A}\,\overline{B}C + A\overline{B}\,\overline{C} + A\overline{B}C$를 간단히 표현한 것은?

22.04.문40
19.03.문24
18.04.문38
17.09.문33
17.03.문23
16.05.문36
16.03.문39
15.09.문23
13.09.문30
13.06.문35

① $\overline{A} \cdot (B+C)$
② $\overline{B} \cdot (A+C)$
③ $\overline{C} \cdot (A+B)$
④ $C \cdot (A+\overline{B})$

해설 **논리식**

$Y=\overline{A}\,\overline{B}C+A\overline{B}\,\overline{C}+A\overline{B}C$ (위치 바꿈)

$=\overline{B}(\overline{A}C+A\overline{C}+AC)$

$=\overline{B}(\overline{A}C+AC+A\overline{C})$

$=\overline{B}\{C(\underbrace{\overline{A}+A}_{X+\overline{X}=1})+A\overline{C}\}$

$=\overline{B}(\underbrace{C\cdot 1}_{X\cdot 1=X}+A\overline{C})$

$=\overline{B}(\underbrace{C+A\overline{C}}_{X+\overline{X}Y=X+Y})$

$=\overline{B}(C+A)$

$=\overline{B}(A+C)$ ← A, C 위치 바꿈

중요

불대수의 정리

논리합	논리곱	비 고
$X+0=X$	$X\cdot 0=0$	-
$X+1=1$	$X\cdot 1=X$	-
$X+X=X$	$X\cdot X=X$	-
$X+\overline{X}=1$	$X\cdot\overline{X}=0$	-
$X+Y=Y+X$	$X\cdot Y=Y\cdot X$	교환법칙
$X+(Y+Z)$ $=(X+Y)+Z$	$X(YZ)=(XY)Z$	결합법칙
$X(Y+Z)$ $=XY+XZ$	$(X+Y)(Z+W)$ $=XZ+XW+YZ+YW$	분배법칙
$X+XY=X$	$\overline{X}+XY=\overline{X}+Y$ $\overline{X}+X\overline{Y}=\overline{X}+\overline{Y}$ $X+\overline{X}Y=X+Y$ $X+\overline{X}\,\overline{Y}=X+\overline{Y}$	흡수법칙
$(\overline{X+Y})$ $=\overline{X}\cdot\overline{Y}$	$(\overline{X\cdot Y})=\overline{X}+\overline{Y}$	드모르간의 정리

답 ②

27

22.04.문36
21.09.문22
16.03.문20

다음 시퀀스회로를 논리식으로 나타내시오.

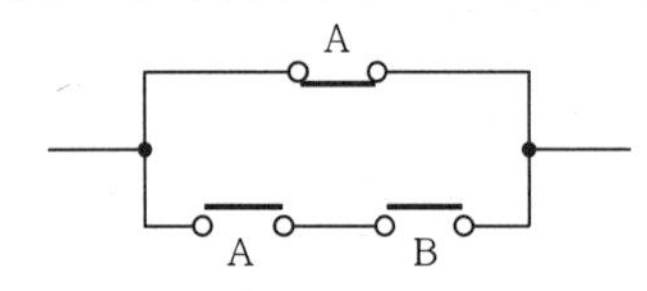

① $(A+B)\cdot\overline{A}$ ② $AB+\overline{A}$

③ $(A+B)\cdot A$ ④ $AB+A$

해설 **논리식 · 시퀀스회로**

시퀀스	논리식	시퀀스회로(스위칭회로)
직렬회로	$Z=A\cdot B$ $Z=AB$	A B Z
병렬회로	$Z=A+B$	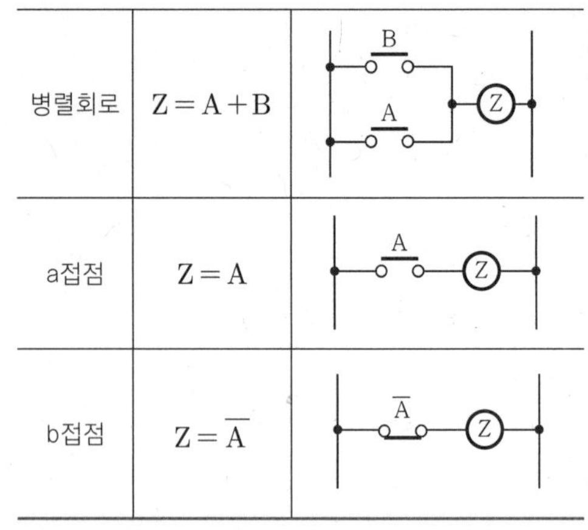
a접점	$Z=A$	
b접점	$Z=\overline{A}$	

$\therefore\ \overline{A}+AB=AB+\overline{A}$

답 ②

28

20.09.문29
19.09.문34
13.03.문28
12.03.문31

$R=4\Omega$, $\dfrac{1}{\omega C}=9\Omega$인 RC 직렬회로에 전압 $e(t)$를 인가할 때, 제3고조파 전류의 실효값 크기는 몇 A인가? (단, $e(t)=50+10\sqrt{2}\sin\omega t+120\sqrt{2}\sin 3\omega t$[V])

① 4.4

② 12.2

③ 24

④ 34

해설 (1) **기호**

- R : 4Ω
- $\dfrac{1}{\omega C}$: 9Ω
- I_3 : ?
- $e(t)=\underbrace{50}_{\text{직류분}}+\underbrace{10\sqrt{2}\sin\omega t}_{\text{기본파}}+\underbrace{120\sqrt{2}\sin 3\omega t}_{\text{3고조파}}$

제3고조파 성분만 계산하면 되므로 리액턴스$\left(\dfrac{1}{\omega C}\right)$의 주파수 부분에 ω대신 3ω 대입

$$\frac{1}{\omega C}:9=\frac{1}{3\omega C}:X$$

$$X=\frac{9}{3}=3\left(\therefore\ \frac{1}{3\omega C}=3\,\Omega\right)$$

(2) **임피던스**

$$Z=R+jX$$

여기서, Z: 임피던스[Ω]

R: 저항[Ω]

X: 리액턴스[Ω]

제3고조파 임피던스 Z는

$$Z = R + jX$$
$$= R + j\frac{1}{3\omega C}$$
$$= 4 + j3$$

(3) **순시값**

$$v = V_m \sin\omega t$$

여기서, v : 전압의 순시값(V)
V_m : 전압의 최대값(V)
ω : 각주파수(rad/s)
t : 주기(s)

제3고조파만 고려하면

$$v = V_m \sin\omega t$$
$$= 120\sqrt{2}\sin 3\omega t \left(\therefore V_m = 120\sqrt{2}\right)$$

(4) **전압의 최대값**

$$V_m = \sqrt{2}\,V$$

여기서, V_m : 전압의 최대값(V)
V : 전압의 실효값(V)

전압의 실효값 V는

$$V = \frac{V_m}{\sqrt{2}} = \frac{120\sqrt{2}}{\sqrt{2}} = 120\text{V}$$

(5) **전류**

$$I = \frac{V}{Z} = \frac{V}{R + jX} = \frac{V}{\sqrt{R^2 + X^2}}$$

여기서, I : 전류(A)
V : 전압(V)
Z : 임피던스(Ω)
R : 저항(Ω)
X : 리액턴스(Ω)

전류 I는

$$I = \frac{V}{\sqrt{R^2 + X^2}} = \frac{120}{\sqrt{4^2 + 3^2}} = 24\text{A}$$

답 ③

29 그림과 같은 회로에서 각 계기의 지시값이 Ⓥ는 180V, Ⓐ는 5A, W는 720W라면 이 회로의 무효전력(Var)은?

19.04.문26 10.09.문27 06.03.문32 98.10.문22 97.10.문35

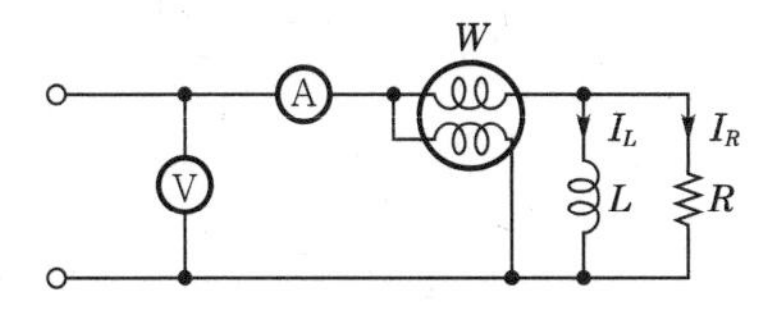

① 480　② 540
③ 960　④ 1200

해설 **피상전력**

$$P_a = VI = \sqrt{P^2 + {P_r}^2} = I^2 Z$$

여기서, P_a : 피상전력(VA)
V : 전압(V)
I : 전류(A)
P : 유효전력(W)
P_r : 무효전력(Var)
Z : 임피던스(Ω)

피상전력 P_a는

$$P_a = VI = 180 \times 5 = 900\text{VA}$$

$P_a = \sqrt{P^2 + {P_r}^2}$ 에서

$${P_a}^2 = \left(\sqrt{P^2 + {P_r}^2}\right)^2$$
$${P_a}^2 = P^2 + {P_r}^2$$
$${P_a}^2 - P^2 = {P_r}^2$$
$${P_r}^2 = {P_a}^2 - P^2$$
$$\sqrt{{P_r}^2} = \sqrt{{P_a}^2 - P^2}$$
$$P_r = \sqrt{{P_a}^2 - P^2}$$

무효전력 P_r은

$$P_r = \sqrt{{P_a}^2 - P^2}$$
$$= \sqrt{900^2 - 720^2} = 540\text{Var}$$

답 ②

30 그림의 회로에서 a-b 간에 V_{ab}(V)를 인가했을 때 c-d 간의 전압이 100V이었다. 이때 a-b 간에 인가한 전압(V_{ab})은 몇 V인가?

22.04.문37

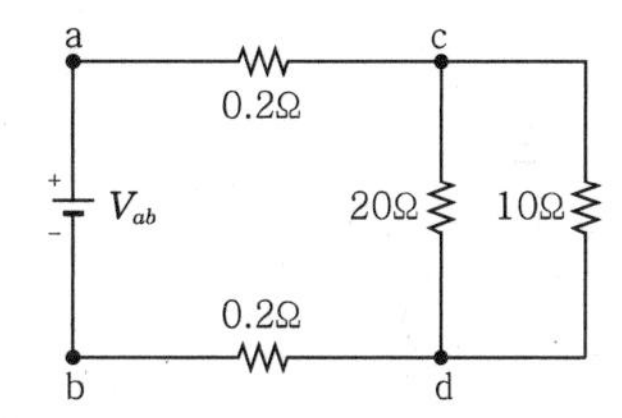

① 104　② 106
③ 108　④ 110

해설 회로를 이해하기 쉽게 변형하면

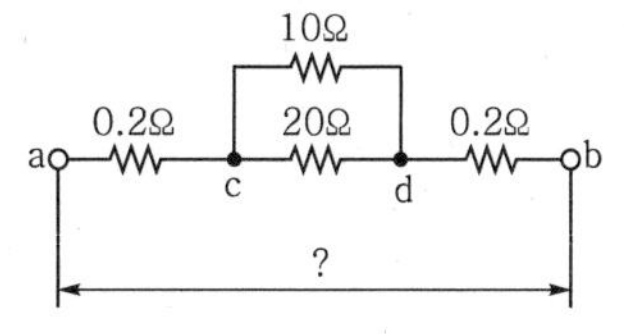

전류

$$I = \frac{V}{R}$$

여기서, I : 전류(A)
V : 전압(V)
R : 저항(Ω)

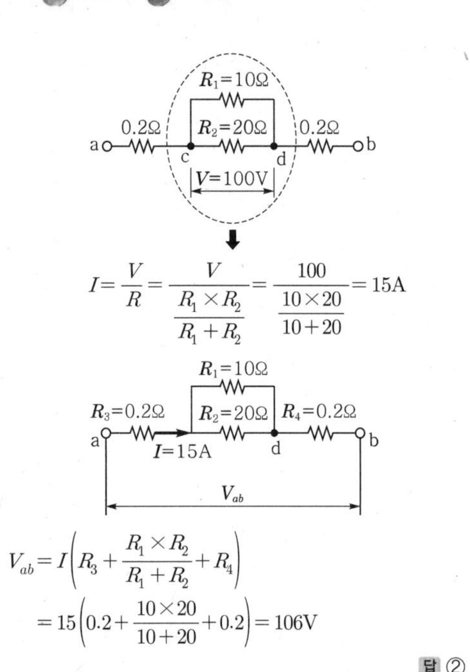

$$I=\frac{V}{R}=\frac{V}{\frac{R_1\times R_2}{R_1+R_2}}=\frac{100}{\frac{10\times 20}{10+20}}=15\text{A}$$

$$V_{ab}=I\left(R_3+\frac{R_1\times R_2}{R_1+R_2}+R_4\right)$$

$$=15\left(0.2+\frac{10\times 20}{10+20}+0.2\right)=106\text{V}$$

답 ②

★
31 두 개의 코일 a, b가 있다. 두 개를 직렬로 접속하였더니 합성인덕턴스가 120mH이었고, 극성을 반대로 접속하였더니 합성인덕턴스가 20mH이었다. 코일 a의 자기인덕턴스가 20mH라면 결합계수 K는 얼마인가?

18.04.문27

① 0.6 ② 0.7
③ 0.8 ④ 0.9

해설 (1) **가극성**(코일이 동일방향)

$$L=L_1+L_2+2M$$

여기서, L : 합성인덕턴스[H]
L_1, L_2 : 자기인덕턴스[H]
M : 상호인덕턴스[H]

(2) **감극성**(코일이 반대방향)

$$L=L_1+L_2-2M$$

여기서, L : 합성인덕턴스[H]
L_1, L_2 : 자기인덕턴스[H]
M : 상호인덕턴스[H]

동일방향 합성인덕턴스 **120mH**
반대방향 합성인덕턴스 **20mH**이므로

$$\begin{array}{r|l} & 120=L_1+L_2+2M \\ - & 20=L_1+L_2-2M \\ \hline & 100=4M \end{array}$$

$$\frac{100}{4}=M$$

$$25\text{mH}=M$$

$$\therefore\ M=25\text{mH}$$

(3) **가극성**(코일이 동일방향) 식에서

$$L=L_1+L_2+2M$$

$$120=20+L_2+(2\times 25)$$

$$120-20-(2\times 25)=L_2$$

$$50=L_2$$

$$\therefore\ L_2=50\text{mH}$$

- L_1 : 20mH(문제에서 주어짐)

(4) **상호인덕턴스**(mutual inductance)

$$M=K\sqrt{L_1L_2}\ \text{[H]}$$

여기서, M : 상호인덕턴스[H]
K : 결합계수
L_1, L_2 : 자기인덕턴스[H]

결합계수 K는

$$K=\frac{M}{\sqrt{L_1L_2}}=\frac{25}{\sqrt{20\times 50}}=0.79\fallingdotseq 0.8$$

답 ③

★★★
32 제어량에 따른 제어방식의 분류 중 온도, 유량, 압력 등의 공업 프로세스의 상태량을 제어량으로 하는 제어계로서 외란의 억제를 주목적으로 하는 제어방식은?

21.09.문23
19.03.문32
17.09.문22
17.09.문39
16.10.문35
16.05.문22
16.03.문32
15.05.문23
14.09.문23
13.09.문27

① 서보기구
② 자동조정
③ 추종제어
④ 프로세스제어

해설 **제어량**에 의한 **분류**

분 류	종 류
프로세스제어 (공정제어) 보기 ④	• **온**도 • **압**력 • **유**량 • **액**면 기억법 **프온압유액**
서보기구 (서보제어, 추종제어)	• **위**치 • **방**위 • **자**세 기억법 **서위방자**
자동조정	• 전압 • 전류 • 주파수 • 회전속도(**발**전기의 **조**속기) • 장력 기억법 **지발조**

※ **프로세스제어** : 공업공정의 상태량을 제어량으로 하는 제어

중요

제어의 종류

종 류	설 명
정치제어 (Fixed value control)	• 일정한 목표값을 유지하는 것으로 **프로세스제어, 자동조정**이 이에 해당된다. 예 **연속식 압연기** • **목표값**이 시간에 관계없이 항상 일정한 값을 가지는 제어
추종제어 (Follow-up control)	미지의 시간적 변화를 하는 목표값에 제어량을 추종시키기 위한 제어로 **서보기구**가 이에 해당된다. 예 **대공포의 포신**
비율제어 (Ratio control)	둘 이상의 제어량을 소정의 비율로 제어하는 것
프로그램제어 (Program control)	목표값이 **미리 정해진 시간적 변화**를 하는 경우 제어량을 그것에 추종시키기 위한 제어 예 **열차 · 산업로봇의 무인운전**

답 ④

33 다음의 회로에서 V_1, V_2는 몇 V인가?

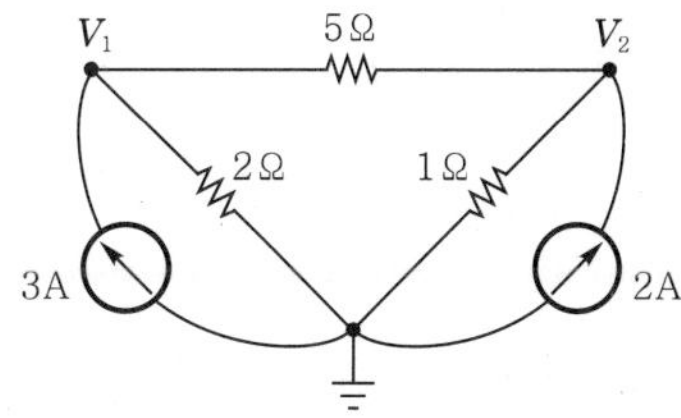

① $V_1 = 4.5\text{V}$, $V_2 = 2.5\text{V}$

② $V_1 = 5\text{V}$, $V_2 = 2\text{V}$

③ $V_1 = 4.5\text{V}$, $V_2 = 2\text{V}$

④ $V_1 = 5\text{V}$, $V_2 = 2.5\text{V}$

해설 그림을 변형하면

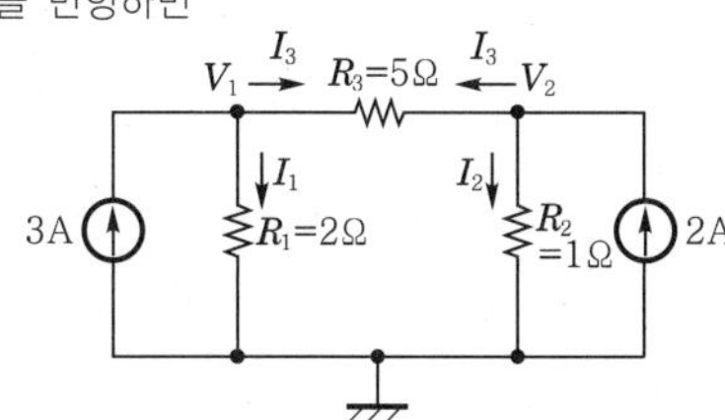

(1) 점 V_1

$$I_1 = \frac{V_1}{R_1} = \frac{V_1}{2}$$

$$I_3 = \frac{V_1 - V_2}{R_3} = \frac{V_1 - V_2}{5}$$

(V_1을 기준으로 보면 V_2의 방향이 반대이므로 V_2에 −를 붙임)

점 $V_1 = I_1 + I_3 = 3\text{A}$

$$= \frac{V_1}{2} + \frac{V_1 - V_2}{5} = 3\text{A}$$

$$= \frac{5V_1}{5\times2} + \frac{2(V_1 - V_2)}{2\times5} = 3\text{A}$$

(공통분모 10을 만들기 위해 한 쪽 분자, 분모에 5 또는 2를 곱함)

$$= \frac{5V_1}{10} + \frac{2V_1 - 2V_2}{10} = 3\text{A}$$

$$= \frac{5V_1 + 2V_1 - 2V_2}{10} = 3\text{A}$$

$$= \frac{7V_1 - 2V_2}{10} = 3\text{A}$$

$= 7V_1 - 2V_2 = 3\times10\text{A}$

$= 7V_1 - 2V_2 = 30\text{A} \cdots$ ①

(2) 점 V_2

$$I_2 = \frac{V_2}{R_2} = \frac{V_2}{1}$$

$$I_3 = \frac{-V_1 + V_2}{R_3} = \frac{-V_1 + V_2}{5}$$

(V_2를 기준으로 보면 V_1의 방향이 반대이므로 V_1에 −를 붙임)

점 $V_2 = I_2 + I_3 = 2\text{A}$

$$= \frac{V_2}{1} + \left(\frac{-V_1 + V_2}{5}\right) = 2\text{A}$$

$$= \frac{5V_2}{5\times1} + \left(\frac{-V_1 + V_2}{5}\right) = 2\text{A}$$

(공통분모 5를 만들기 위해 한 쪽 분자, 분모에 5를 곱함)

$$= \frac{5V_2}{5} + \left(\frac{-V_1 + V_2}{5}\right) = 2\text{A}$$

$$= \frac{5V_2 - V_1 + V_2}{5} = 2\text{A}$$

$$= \frac{6V_2 - V_1}{5} = 2\text{A}$$

$= 6V_2 - V_1 = 2\times5\text{A}$

$= 6V_2 - V_1 = 10\text{A}$

$= -V_1 + 6V_2 = 10\text{A} \cdots$ ② ← V_1, V_2 위치 바꿈

(3) ①식 ②식 적용(계산편의를 위해 단위 생략)

$7V_1 - 2V_2 = 30 \cdots$ ①′

$+\ \ -V_1 + 6V_2 = 10 \cdots$ ②′

①′식 V_2값을 ②′식과 일치시켜서 생략하기 위해 ①′식에 3을 곱함

$(3\times7)V_1 - (3\times2)V_2 = 3\times30 \cdots$ ①′

$+\ \ -V_1 + 6V_2 = 10 \cdots$ ②′

$21V_1 - 6V_2 = 90 \cdots$ ①′

$+\ \ -V_1 + 6V_2 = 10 \cdots$ ②′

$20V_1 = 100$

$$V_1 = \frac{100}{20} = 5\text{V}$$

$-V_1 + 6V_2 = 10 \cdots$ ②′ ($V_1 = 5$ 대입)

$-5 + 6V_2 = 10$

$6V_2 = 10 + 5$

$$V_2 = \frac{10+5}{6} = 2.5\text{V}$$

답 ④

★★
34 다음의 단상 유도전동기 중 기동토크가 가장 큰 것은?

21.09.문38 18.09.문35 14.05.문26 05.03.문25 03.08.문33

① 셰이딩 코일형
② 콘덴서 기동형
③ 분상 기동형
④ 반발 기동형

해설 **기동토크**가 **큰 순서**

반발 기동형 > 반발 유도형 > 콘덴서 기동형 > 분상 기동형 > **셰이딩 코일형**

기억법 **반기큰**

• 셰이딩 코일형=세이딩 코일형

답 ④

★★★
35 반도체를 이용한 화재감지기 중 서미스터(Thermistor)는 무엇을 측정하기 위한 반도체소자인가?

21.09.문24 19.03.문35 18.09.문31 16.10.문30 15.05.문38 14.09.문40 14.05.문24 14.03.문27 12.03.문34 11.06.문37 00.10.문25

① 온도
② 연기농도
③ 가스농도
④ 불꽃의 스펙트럼 강도

해설 **반도체소자**

명 칭	심 벌
① **제너다이오드**(Zener diode): 주로 **정**전압 전원회로에 사용된다. 기억법 **제정(재정**이 풍부)	
② **서미스터**(Thermistor): 부온도특성을 가진 저항기의 일종으로서 주로 **온**도보정용으로 쓰인다. 보기 ① 기억법 **서온(서운**해)	*Th*
③ **SCR**(Silicon Controlled Rectifier): 단방향 대전류 스위칭소자로서 제어를 할 수 있는 정류 소자이다.	*A* *K* *G*
④ **바리스터**(Varistor) • 주로 **서**지전압에 대한 회로보호용(과도전압에 대한 회로보호) • **계**전기 접점의 불꽃제거 기억법 **바리서계**	
⑤ **UJT**(UniJunction Transistor)=**단일접합 트랜지스터**: 증폭기로는 사용이 불가능하고 톱니파나 펄스발생기로 작용하며 SCR의 트리거소자로 쓰인다.	*E* *B*1 *B*2
⑥ **바랙터**(Varactor): 제너현상을 이용한 다이오드	–

답 ①

★★
36 교류전압계의 지침이 지시하는 전압은 다음 중 어느 것인가?

19.09.문29 12.09.문30

① 실효값
② 평균값
③ 최대값
④ 순시값

해설

교류 표시	설 명
실효값 ←	① 일반적으로 사용되는 값으로 교류의 각 순시값의 제곱에 대한 **1주기**의 **평균**의 **제곱근**을 말함 ② **교류전압계**의 지침이 지시하는 값 보기 ①
최대값	교류의 순시값 중에서 가장 큰 값
순시값	교류의 임의의 시간에 있어서 전압 또는 전류의 값
평균값	순시값의 반주기에 대하여 평균한 값

답 ①

★
37 아날로그와 디지털 통신에서 데시벨의 단위로 나타내는 SN비를 올바르게 풀어쓴 것은?

16.03.문34

① SIGN TO NUMBER RATING
② SIGNAL TO NOISE RATIO
③ SOURCE NULL RESISTANCE
④ SOURCE NETWORK RANGE

해설 **SN비** 또는 **SNR비(Signal-to-Noise Ratio, 신호 대 잡음비)**

아날로그와 디지털 통신에서, 즉 신호 대 잡음의 상대적인 크기를 나타내는 것으로서, 단위는 **데시벨**(dB)이다.

답 ②

★★★
38 블록선도에서 외란 $D(s)$의 압력에 대한 출력 $C(s)$의 전달함수$\left(\dfrac{C(s)}{D(s)}\right)$는?

21.09.문32 20.06.문23 14.09.문34 10.03.문28

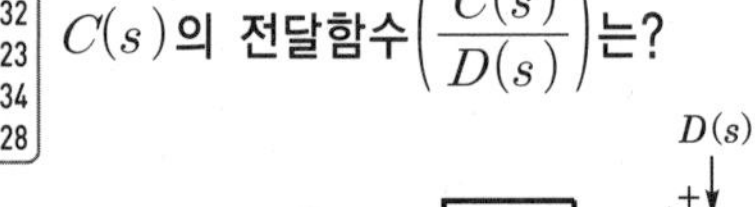

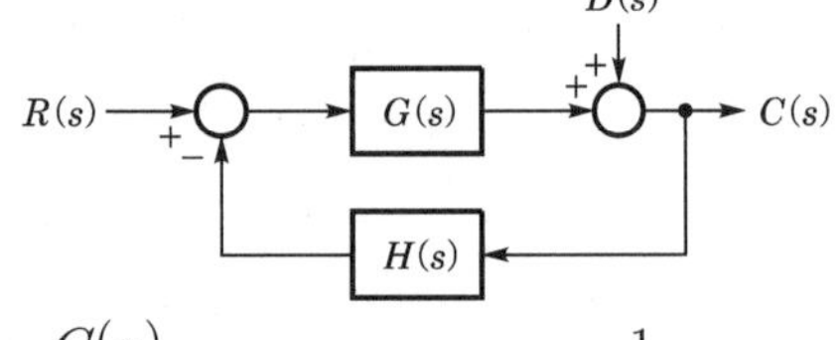

① $\dfrac{G(s)}{H(s)}$
② $\dfrac{1}{1+G(s)H(s)}$
③ $\dfrac{H(s)}{G(s)}$
④ $\dfrac{G(s)}{1+G(s)H(s)}$

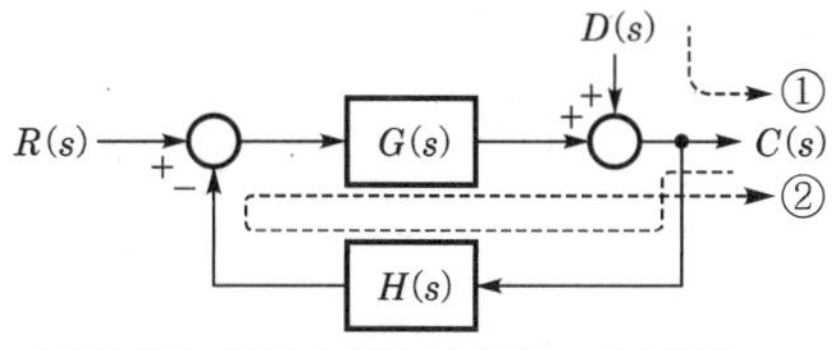

계산편의를 위해 (s)를 삭제하고 계산하면

$D-CGH=C$

$D=C+CGH$

$D=C(1+GH)$

$\frac{1}{1+GH}=\frac{C}{D}$

$\frac{C}{D}=\frac{1}{1+GH}$ ← 좌우 위치 바꿈

$\frac{C(s)}{D(s)}=\frac{1}{1+G(s)H(s)}$ ← 삭제한 (s)를 다시 붙임

용어

블록선도(Block diagram)
제어계에서 신호가 전달되는 모양을 표시하는 선도

답 ②

★★★
39 다음의 내용이 설명하는 법칙은 무엇인가?

20.09.문31 17.03.문22 16.05.문32 15.05.문35 14.03.문22 12.05.문24 03.05.문33

> 두 자극 사이에 작용하는 자기력의 크기는 두 자극의 세기의 곱에 비례하고 두 자극 사이 거리의 제곱에 반비례한다.

① 비오사바르 법칙
② 쿨롱의 법칙
③ 렌츠의 법칙
④ 줄의 법칙

해설 **여러 가지 법칙**

법 칙	설 명
플레밍의 오른손 법칙	• 도체운동에 의한 유기기전력의 방향 결정 기억법 **방유도오**(방에 우유를 도로 갔다 놓게!)
플레밍의 왼손 법칙	• 전자력의 방향 결정 기억법 **왼전**(왼 전쟁이냐?)
렌츠의 법칙	• 자속변화에 의한 유도기전력의 방향 결정 기억법 **렌유방**(오렌지가 유일한 방법이다.)
패러데이의 전자유도 법칙	• 자속변화에 의한 유기기전력의 크기 결정 기억법 **패유크**(패유를 버리면 큰일난다.)
앙페르(암페어)의 **오른나사 법칙**	• 전류에 의한 자기장의 방향을 결정하는 법칙 기억법 **앙전자**(양전자)
비오-사바르의 법칙	• 전류에 의해 발생되는 자기장의 크기(전류에 의한 자계의 세기) 기억법 **비전자**(비전공자)
키르히호프의 법칙	• 옴의 법칙을 응용한 것으로 복잡한 회로의 전류와 전압계산에 사용 • 회로망의 임의의 접속점에 유입하는 여러 전류의 총합은 0이라고 하는 법칙 기억법 **키총** • 회로망 내 임의의 폐회로(closed circuit)에서, 그 폐회로를 따라 한 방향으로 일주하면서 생기는 전압강하의 합은 그 폐회로 내에 포함되어 있는 기전력의 합과 같음
줄의 법칙	• 어떤 도체에 일정시간 동안 전류를 흘리면 도체에는 열이 발생되는데 이에 관한 법칙 • 전류의 **열**작용과 관계있는 법칙 기억법 **줄열**
쿨롱의 법칙	• 두 자극 사이에 작용하는 힘은 두 **자극**의 **세기**의 **곱**에 **비례**하고, 두 자극 사이의 **거리**의 **제곱**에 **반비례**한다는 법칙 보기 ②

답 ②

★★
40 직류전원이 연결된 코일에 10A의 전류가 흐르고 있다. 이 코일에 연결된 전원을 제거하는 즉시 저항을 연결하여 폐회로를 구성하였을 때 저항에서 소비된 열량이 24cal이었다. 이 코일의 인덕턴스는 약 몇 H인가?

21.05.문36 14.03.문28

① 0.1
② 0.5
③ 2.0
④ 24

해설 (1) 기호

• I : 10A
• W : 24cal$=\frac{24\text{cal}}{0.24}=$100J(1J=0.24cal)
• L : ?

(2) **코일**에 **축적**되는 **에너지**

$$W=\frac{1}{2}LI^2=\frac{1}{2}IN\phi\,[\text{J}]$$

여기서, W : 코일의 축적에너지〔J〕
L : 자기인덕턴스〔H〕
N : 코일권수
ϕ : 자속〔Wb〕
I : 전류〔A〕
자기인덕턴스 L은

$$L=\frac{2W}{I^2}=\frac{2\times100}{10^2}=2\text{H}$$

답 ③

제 3 과목 소방관계법규

41 ★★★ 20.08.문47 19.03.문48 15.03.문56 12.05.문51

소방시설 설치 및 관리에 관한 법령상 스프링클러설비를 설치하여야 하는 특정소방대상물의 기준으로 틀린 것은? (단, 위험물 저장 및 처리 시설 중 가스시설 또는 지하구는 제외한다.)

① 복합건축물로서 연면적 3500m² 이상인 경우에는 모든 층
② 창고시설(물류터미널은 제외)로서 바닥면적 합계가 5000m² 이상인 경우에는 모든 층
③ 숙박이 가능한 수련시설 용도로 사용되는 시설의 바닥면적의 합계가 600m² 이상인 것은 모든 층
④ 판매시설, 운수시설 및 창고시설(물류터미널에 한정)로서 바닥면적의 합계가 5000m² 이상이거나 수용인원이 500명 이상인 경우에는 모든 층

해설 ① 3500m² → 5000m²

소방시설법 시행령 〔별표 4〕
스프링클러설비의 설치대상

설치대상	조 건
① 문화 및 집회시설, 운동시설 ② 종교시설	• 수용인원 : **100명** 이상 • 영화상영관 : 지하층 · 무창층 **500m²**(기타 **1000m²**) 이상 • 무대부 – 지하층 · 무창층 · **4층** 이상 **300m²** 이상 – 1~3층 **500m²** 이상
③ 판매시설 ④ 운수시설 ⑤ 물류터미널	• 수용인원 : **500명** 이상 • 바닥면적 합계 : **5000m²** 이상 보기 ④
⑥ 노유자시설 ⑦ 정신의료기관 ⑧ 수련시설(숙박 가능한 것) ⑨ 종합병원, 병원, 치과병원, 한방병원 및 요양병원(정신병원 제외) ⑩ 숙박시설	• 바닥면적 합계 **600m²** 이상 보기 ③
⑪ 지하층 · 무창층 · **4층** 이상	• 바닥면적 **1000m²** 이상
⑫ 창고시설(물류터미널 제외)	• 바닥면적 합계 : **5000m²** 이상 : 전층 보기 ②
⑬ **지하가**(터널 제외)	• 연면적 **1000m²** 이상
⑭ **10m** 넘는 랙크식 창고	• 연면적 **1500m²** 이상
⑮ 복합건축물 ⑯ 기숙사	• 연면적 **5000m2** 이상 : 전층 보기 ①
⑰ **6층** 이상	• 전층
⑱ 보일러실 · 연결통로	• 전부
⑲ 특수가연물 저장 · 취급	• 지정수량 **1000배** 이상
⑳ 발전시설	• 전기저장시설 : 전부

답 ①

42 ★ 20.06.문54

소방시설공사업법령상 소방공사감리를 실시함에 있어 용도와 구조에서 특별히 안전성과 보안성이 요구되는 소방대상물로서 소방시설물에 대한 감리를 감리업자가 아닌 자가 감리할 수 있는 장소는?

① 정보기관의 청사
② 교도소 등 교정관련시설
③ 국방 관계시설 설치장소
④ 원자력안전법상 관계시설이 설치되는 장소

해설 (1) **공사업법 시행령 8조**
감리업자가 아닌 자가 감리할 수 있는 보안성 등이 요구되는 소방대상물의 시공장소 「원자력안전법」 2조 10호에 따른 관계시설이 설치되는 장소

(2) **원자력안전법 2조 10호**
"**관계시설**"이란 **원자로**의 **안전**에 **관계**되는 **시설**로서 **대통령령**으로 정하는 것을 말한다.

답 ④

43 ★★★ 20.06.문46 17.09.문56 10.05.문41

소방기본법령에 따라 주거지역 · 상업지역 및 공업지역에 소방용수시설을 설치하는 경우 소방대상물과의 수평거리를 몇 m 이하가 되도록 해야 하는가?

① 50 ② 100
③ 150 ④ 200

해설 **기본규칙 〔별표 3〕**
소방용수시설의 설치기준

거리기준	지 역
수평거리 **100m** 이하 보기 ②	• **공**업지역 • **상**업지역 • **주**거지역 기억법 주상공100(주상공 백지에 사인을 하시오.)
수평거리 **140m** 이하	• 기타지역

답 ②

★★★
44 21.09.문52 19.04.문49 15.09.문57 10.03.문57

소방시설 설치 및 관리에 관한 법령상 관리업자가 소방시설 등의 점검을 마친 후 점검기록표에 기록하고 이를 해당 특정소방대상물에 부착하여야 하나 이를 위반하고 점검기록표를 기록하지 아니하거나 특정소방대상물의 출입자가 쉽게 볼 수 있는 장소에 게시하지 아니하였을 때 벌칙기준은?

① 100만원 이하의 과태료
② 200만원 이하의 과태료
③ 300만원 이하의 과태료
④ 500만원 이하의 과태료

해설 **소방시설법 61조**
300만원 이하의 과태료
(1) 소방시설을 화재안전기준에 따라 설치·관리하지 아니한 자
(2) 피난시설, 방화구획 또는 방화시설의 **폐쇄·훼손·변경** 등의 행위를 한 자
(3) 임시소방시설을 설치·관리하지 아니한 자
(4) 점검기록표를 기록하지 아니하거나 특정소방대상물의 출입자가 쉽게 볼 수 있는 장소에 게시하지 아니한 관계인 보기 ③

답 ③

★★★
45 19.04.문46 13.03.문42 10.03.문45

소방대라 함은 화재를 진압하고 화재, 재난·재해, 그 밖의 위급한 상황에서 구조·구급 활동 등을 하기 위하여 구성된 조직체를 말한다. 소방대의 구성원으로 틀린 것은?

① 소방공무원 ② 소방안전관리원
③ 의무소방원 ④ 의용소방대원

해설 **기본법 2조**
소방대
(1) 소방공무원 보기 ①
(2) 의무소방원 보기 ③
(3) 의용소방대원 보기 ④

답 ②

★★★
46 20.08.문57 19.09.문49 15.03.문41 12.09.문44

다음 중 소방시설 설치 및 관리에 관한 법령상 소방시설관리업을 등록할 수 있는 자는?

① 피성년후견인
② 소방시설관리업의 등록이 취소된 날부터 2년이 경과된 자
③ 금고 이상의 형의 집행유예를 선고받고 그 유예기간 중에 있는 자
④ 금고 이상의 실형을 선고받고 그 집행이 면제된 날부터 2년이 지나지 아니한 자

해설 **소방시설법 30조**
소방시설관리업의 등록결격사유
(1) 피성년후견인 보기 ①
(2) 금고 이상의 실형을 선고받고 그 집행이 끝나거나 집행이 면제된 날부터 **2년**이 지나지 아니한 사람 보기 ④
(3) 금고 이상의 형의 집행유예를 선고받고 그 유예기간 중에 있는 사람 보기 ③
(4) 관리업의 등록이 취소된 날부터 **2년**이 지나지 아니한 자

답 ②

★
47 19.09.문60

화재의 예방 및 안전관리에 관한 법령상 소방대상물의 개수·이전·제거, 사용의 금지 또는 제한, 사용폐쇄, 공사의 정지 또는 중지, 그 밖의 필요한 조치로 인하여 손실을 받은 자가 손실보상청구서에 첨부하여야 하는 서류로 틀린 것은?

① 손실보상합의서
② 손실을 증명할 수 있는 사진
③ 손실을 증명할 수 있는 증빙자료
④ 소방대상물의 관계인임을 증명할 수 있는 서류(건축물대장은 제외)

해설 **화재예방법 시행규칙 6조**
손실보상 청구자가 제출하여야 하는 서류
(1) 소방대상물의 **관계인**임을 증명할 수 있는 서류(건축물대장 제외) 보기 ④
(2) 손실을 증명할 수 있는 **사진**, 그 밖의 **증빙자료** 보기 ②③

기억법 **사증관손(사정관의 손)**

답 ①

★★★
48 18.09.문49 18.04.문58 15.03.문47

소방시설 설치 및 관리에 관한 법률상 특정소방대상물의 피난시설, 방화구획 또는 방화시설의 폐쇄·훼손·변경 등의 행위를 한 자에 대한 과태료 기준으로 옳은 것은?

① 200만원 이하의 과태료
② 300만원 이하의 과태료
③ 500만원 이하의 과태료
④ 600만원 이하의 과태료

해설 **소방시설법 61조**
300만원 이하의 과태료
(1) 소방시설을 화재안전기준에 따라 설치·관리하지 아니한 자
(2) **피난시설·방화구획** 또는 **방화시설**의 **폐쇄·훼손·변경** 등의 행위를 한 자 보기 ②
(3) 임시소방시설을 설치·관리하지 아니한 자

비교

(1) **300만원 이하의 벌금**
㉠ 화재안전조사를 정당한 사유없이 거부·방해·기피(화재예방법 50조)
㉡ 소방안전관리자, 총괄소방안전관리자 또는 소방안전관리보조자 미선임(화재예방법 50조)
㉢ 성능위주설계평가단 비밀누설(소방시설법 59조)
㉣ 방염성능검사 합격표시 위조(소방시설법 59조)
㉤ 위탁받은 업무종사자의 비밀누설(소방시설법 59조)
㉥ 다른 자에게 자기의 성명이나 상호를 사용하여 소방시설공사 등을 수급 또는 시공하게 하거나 소방시설업의 등록증·등록수첩을 빌려준 자(공사업법 37조)
㉦ 감리원 미배치자(공사업법 37조)
㉧ 소방기술인정 자격수첩을 빌려준 자(공사업법 37조)
㉨ 2 이상의 업체에 취업한 자(공사업법 37조)
㉩ 소방시설업자나 관계인 감독시 관계인의 업무를 방해하거나 비밀누설(공사업법 37조)

(2) **200만원 이하의 과태료**
㉠ 소방용수시설·소화기구 및 설비 등의 설치명령 위반(화재예방법 52조)
㉡ **특수가연물의 저장·취급 기준 위반**(화재예방법 52조)
㉢ 한국119청소년단 또는 이와 유사한 명칭을 사용한 자(기본법 56조)
㉣ **소방활동구역 출입**(기본법 56조)
㉤ 소방자동차의 출동에 지장을 준 자(기본법 56조)
㉥ 한국소방안전원 또는 이와 유사한 명칭을 사용한 자(기본법 56조)
㉦ 관계서류 미보관자(공사업법 40조)
㉧ 소방기술자 미배치자(공사업법 40조)
㉨ 하도급 미통지자(공사업법 40조)

답 ②

★

49 위험물안전관리법령상 위험물의 안전관리와 관련된 업무를 수행하는 자로서 소방청장이 실시하는 안전교육대상자가 아닌 것은?

18.04.문44

① 안전관리자로 선임된 자
② 탱크시험자의 기술인력으로 종사하는 자
③ 위험물운송자로 종사하는 자
④ 제조소 등의 관계인

해설 **위험물령 20조**
안전교육대상자
(1) **안전관리자**로 선임된 자 보기 ①
(2) 탱크시험자의 **기술인력**으로 종사하는 자 보기 ②
(3) **위험물운반자**로 종사하는 자
(4) **위험물운송자**로 종사하는 자 보기 ③

답 ④

★★★

50 화재의 예방 및 안전관리에 관한 법률상 소방안전관리대상물의 소방안전관리자 업무가 아닌 것은?

19.03.문51
15.03.문12
14.09.문52
14.09.문53
13.06.문48
08.05.문53

① 소방훈련 및 교육
② 피난시설, 방화구획 및 방화시설의 관리
③ 자위소방대 및 본격대응체계의 구성·운영·교육
④ 피난계획에 관한 사항과 대통령령으로 정하는 사항이 포함된 소방계획서의 작성 및 시행

해설 ③ 본격대응체계 → 초기대응체계

화재예방법 24조 ⑤항
관계인 및 소방안전관리자의 업무

특정소방대상물 (관계인)	소방안전관리대상물 (소방안전관리자)
• 피난시설·방화구획 및 방화시설의 관리 • 소방시설, 그 밖의 소방관련 시설의 관리 • **화기취급**의 감독 • 소방안전관리에 필요한 업무 • 화재발생시 초기대응	• 피난시설·방화구획 및 방화시설의 관리 보기 ② • 소방시설, 그 밖의 소방관련 시설의 관리 • **화기취급**의 감독 • 소방안전관리에 필요한 업무 • **소방계획서**의 작성 및 시행(대통령령으로 정하는 사항 포함) 보기 ④ • **자위소방대** 및 **초기대응체계**의 구성·운영·교육 보기 ③ • 소방훈련 및 교육 보기 ① • 소방안전관리에 관한 업무수행에 관한 기록·유지 • 화재발생시 초기대응

용어

특정소방대상물	소방안전관리대상물
건축물 등의 규모·용도 및 수용인원 등을 고려하여 소방시설을 설치하여야 하는 소방대상물로서 대통령령으로 정하는 것	대통령령으로 정하는 특정소방대상물

답 ③

★★★

51 소방시설 설치 및 관리에 관한 법령상 시·도지사가 실시하는 방염성능검사 대상으로 옳은 것은?

22.04.문59
15.09.문09
13.09.문52
12.09.문46
12.05.문46
12.03.문44
05.03.문48

① 설치현장에서 방염처리를 하는 합판·목재
② 제조 또는 가공공정에서 방염처리를 한 카펫
③ 제조 또는 가공공정에서 방염처리를 한 창문에 설치하는 블라인드
④ 설치현장에서 방염처리를 하는 암막·무대막

해설 **소방시설법 시행령 32조**
시·도지사가 실시하는 방염성능검사
설치현장에서 방염처리를 하는 **합판·목재류**

중요

소방시설법 시행령 31조
방염대상물품

제조 또는 가공 공정에서 방염처리를 한 물품	건축물 내부의 천장이나 벽에 부착하거나 설치하는 것
① 창문에 설치하는 **커튼류**(블라인드 포함) ② 카펫 ③ **벽지류**(두께 **2mm 미만**인 **종이벽지 제외**) ④ **전시용 합판·목재** 또는 **섬유판** ⑤ **무대용 합판·목재** 또는 **섬유판** ⑥ **암막·무대막**(영화상영관·가상체험 체육시설업의 **스크린** 포함) ⑦ 섬유류 또는 합성수지류 등을 원료로 하여 제작된 소파·의자(단란주점영업, 유흥주점영업 및 노래연습장업의 영업장에 설치하는 것만 해당)	① 종이류(두께 **2mm 이상**), **합성수지류** 또는 **섬유류**를 주원료로 한 물품 ② **합판**이나 **목재** ③ 공간을 구획하기 위하여 설치하는 **간이칸막이** ④ **흡음재**(흡음용 커튼 포함) 또는 **방음재**(방음용 커튼 포함) ※ 가구류(옷장, 찬장, 식탁, 식탁용 의자, 사무용 책상, 사무용 의자, 계산대)와 너비 10cm 이하인 반자돌림대, 내부 마감재료 제외

답 ①

★★★
52 지하층으로서 특정소방대상물의 바닥부분 중 최소 몇 면이 지표면과 동일한 경우에 무선통신보조설비의 설치를 제외할 수 있는가?

19.09.문80 18.03.문70 17.03.문68 16.03.문80 14.09.문64 08.03.문62 06.05.문79

① 1면 이상 ② 2면 이상
③ 3면 이상 ④ 4면 이상

해설 **무선통신보조설비**의 **설치 제외**(NFPC 505 4조, NFTC 505 2.1)
(1) **지**하층으로서 특정소방대상물의 바닥부분 **2면 이상**이 지표면과 동일한 경우의 해당층 보기 ②
(2) 지하층으로서 지표면으로부터의 깊이가 **1m 이하**인 경우의 해당층

기억법 **2면무지(이면 계약의 무지)**

답 ②

★★★
53 다음 위험물 중 자기반응성 물질은 어느 것인가?

21.09.문11 19.04.문44 16.05.문46 15.09.문03 15.09.문18 15.05.문10 15.05.문42 15.03.문51 14.09.문18

① 황린
② 염소산염류
③ 알칼리토금속
④ 질산에스테르류

해설 **위험물령 [별표 1]**
위험물

유 별	성 질	품 명
제1류	산화성 고체	• 아염소산염류 • 염소산염류 보기 ② • 과염소산염류 • 질산염류 • 무기과산화물
제2류	가연성 고체	• 황화린 • 적린 • 유황 • 철분 • 마그네슘
제3류	자연발화성 물질 및 금수성 물질	• 황린 보기 ① • 칼륨 • 나트륨
제4류	인화성 액체	• 특수인화물 • 알코올류 • 석유류 • 동식물유류
제5류	자기반응성 물질	• 니트로화합물 • 유기과산화물 • 니트로소화합물 • 아조화합물 • 질산에스테르류(셀룰로이드) 보기 ④
제6류	산화성 액체	• 과염소산 • 과산화수소 • 질산

답 ④

★★★
54 화재의 예방 및 안전관리에 관한 법률상 화재예방강화지구의 지정대상이 아닌 것은? (단, 소방청장·소방본부장 또는 소방서장이 화재예방강화지구로 지정할 필요가 있다고 인정하는 지역은 제외한다.)

20.09.문55 19.09.문50 17.09.문49 16.05.문53 13.09.문56

① 시장지역
② 농촌지역
③ 목조건물이 밀집한 지역
④ 공장·창고가 밀집한 지역

해설 ② 해당 없음

화재예방법 18조
화재예방강화지구의 지정
(1) **지정권자**: 시·도지사
(2) **지정지역**
㉠ **시장**지역 보기 ①
㉡ **공장·창고** 등이 밀집한 지역 보기 ④
㉢ **목조건물**이 밀집한 지역 보기 ③
㉣ 노후·불량 건축물이 밀집한 지역

㉤ **위험물**의 **저장** 및 **처리시설**이 **밀집**한 지역
㉥ **석유화학제품**을 생산하는 공장이 있는 지역
㉦ **소방시설**·**소방용수시설** 또는 **소방출동로**가 **없는** 지역
㉧ 「**산업입지 및 개발에 관한 법률**」에 따른 산업단지
㉨ 「물류시설의 개발 및 운영에 관한 법률」에 따른 **물류단지**
㉩ **소방청장**·**소방본부장**·**소방서장**(소방관서장)이 화재예방강화지구로 지정할 필요가 있다고 인정하는 지역

※ **화재예방강화지구**: 화재발생 우려가 크거나 화재가 발생할 경우 피해가 클 것으로 예상되는 지역에 대하여 화재의 예방 및 안전관리를 강화하기 위해 지정·관리하는 지역

답 ②

★★★
55

22.03.문47 15.05.문48 10.09.문53

소방시설공사업법령상 소방시설업자가 소방시설공사 등을 맡긴 특정소방대상물의 관계인에게 지체 없이 그 사실을 알려야 하는 경우가 아닌 것은?

① 소방시설업자의 지위를 승계한 경우
② 소방시설업의 등록취소처분 또는 영업정지처분을 받은 경우
③ 휴업하거나 폐업한 경우
④ 소방시설업의 주소지가 변경된 경우

해설 **공사업법 8조**
소방시설업자의 관계인 통지사항
(1) **소방시설업자**의 **지위**를 **승계**한 때 보기 ①
(2) 소방시설업의 **등록취소** 또는 **영업정지**의 처분을 받은 때 보기 ②
(3) **휴업** 또는 **폐업**을 한 때 보기 ③

답 ④

★★★
56

21.09.문46 20.09.문48 17.09.문51 16.10.문45

위험물안전관리법령상 정기점검의 대상인 제조소 등의 기준으로 틀린 것은?

① 지하탱크저장소
② 이동탱크저장소
③ 지정수량의 10배 이상의 위험물을 취급하는 제조소
④ 지정수량의 20배 이상의 위험물을 저장하는 옥외탱크저장소

해설 ④ 20배 이상 → 200배 이상

위험물령 15·16조
정기점검의 대상인 제조소 등
(1) **제조소** 등(**이**송취급소·**암**반탱크저장소)
(2) **지하탱크**저장소 보기 ①
(3) **이동탱크**저장소 보기 ②
(4) 위험물을 취급하는 탱크로서 지하에 매설된 탱크가 있는 **제조소**·**주유취급소** 또는 **일반취급소**

기억법 **정이암 지이**

(5) **예방규정**을 **정하여야 할 제조소 등**

배 수	제조소 등
10배 이상	• **제**조소 보기 ③ • **일**반취급소
1**0**0배 이상	• 옥**외**저장소
1**5**0배 이상	• 옥**내**저장소
200배 이상	• 옥외**탱**크저장소 보기 ④
모두 해당	• 이송취급소 • 암반탱크저장소

기억법
1 제일
0 외
5 내
2 탱

※ **예방규정**: 제조소 등의 화재예방과 화재 등 재해발생시의 비상조치를 위한 규정

답 ④

★★★
57

19.03.문59 16.10.문54 16.03.문55 11.03.문56

특정소방대상물의 관계인이 소방안전관리자를 해임한 경우 재선임을 해야 하는 기준은? (단, 해임한 날부터를 기준일로 한다.)

① 10일 이내
② 20일 이내
③ 30일 이내
④ 40일 이내

해설 **화재예방법 시행규칙 14조**
소방안전관리자의 재선임
30일 이내

답 ③

★★★
58

19.04.문44 16.05.문46 15.09.문03 15.09.문18 15.05.문10 15.05.문42 15.03.문51 14.09.문18

산화성 고체인 제1류 위험물에 해당되는 것은?

① 질산염류
② 특수인화물
③ 과염소산
④ 유기과산화물

해설
② 제4류 위험물
③ 제6류 위험물
④ 제5류 위험물

위험물령 〔별표 1〕
위험물

유 별	성 질	품 명
제1류	산화성 고체	• 아염소산염류 • 염소산염류 • 과염소산염류 • 질산염류 보기 ① • 무기과산화물 기억법 1산고(일산GO), ~염류, 무기과산화물
제2류	가연성 고체	• 황화린 • 적린 • 유황 • 마그네슘 • 금속분 기억법 2황화적유마
제3류	자연발화성 물질 및 금수성 물질	• 황린 • 칼륨 • 나트륨 • 트리에틸알루미늄 • 금속의 수소화물 기억법 황칼나트알
제4류	인화성 액체	• 특수인화물 보기 ② • 석유류(벤젠) • 알코올류 • 동식물유류
제5류	자기반응성 물질	• 유기과산화물 보기 ④ • 니트로화합물 • 니트로소화합물 • 아조화합물 • 질산에스테르류(셀룰로이드)
제6류	산화성 액체	• 과염소산 보기 ③ • 과산화수소 • 질산

답 ①

59 다음 소방시설 중 경보설비가 아닌 것은?

20.06.문50
12.03.문47

① 통합감시시설
② 가스누설경보기
③ 비상콘센트설비
④ 자동화재속보설비

해설 ③ 비상콘센트설비 : 소화활동설비

소방시설법 시행령 〔별표 1〕
경보설비
(1) 비상경보설비 ┬ 비상벨설비
                └ 자동식 사이렌설비
(2) 단독경보형 감지기
(3) 비상방송설비
(4) 누전경보기
(5) 자동화재탐지설비 및 시각경보기
(6) 자동화재속보설비 보기 ④
(7) 가스누설경보기 보기 ②
(8) 통합감시시설 보기 ①
(9) 화재알림설비

※ **경보설비** : 화재발생 사실을 통보하는 기계·기구 또는 설비

비교

소방시설법 시행령 〔별표 1〕
소화활동설비
화재를 진압하거나 인명구조활동을 위하여 사용하는 설비
(1) 연결송수관설비
(2) 연결살수설비
(3) 연소방지설비
(4) 무선통신보조설비
(5) 제연설비
(6) 비상콘센트설비 보기 ③

기억법 3연무제비콘

답 ③

60 소방기본법에서 정의하는 소방대상물에 해당되지 않는 것은?

21.03.문58
15.05.문54
12.05.문48

① 산림
② 차량
③ 건축물
④ 항해 중인 선박

해설 **기본법 2조 1호**
소방대상물
(1) 건축물 보기 ③
(2) 차량 보기 ②
(3) 선박(매어둔 것) 보기 ④
(4) 선박건조구조물
(5) 산림 보기 ①
(6) 인공구조물
(7) 물건

기억법 건차선 산인물

비교

위험물법 3조
위험물의 저장·운반·취급에 대한 적용 제외
(1) 항공기
(2) 선박
(3) 철도
(4) 궤도

답 ④

제 4 과목 소방전기시설의 구조 및 원리

61

22.09.문78 17.03.문74 16.05.문65 07.09.문70

부착높이가 6m이고 주요구조부를 내화구조로 한 특정소방대상물 또는 그 부분에 정온식 스포트형 감지기 특종을 설치하고자 하는 경우 바닥면적 몇 m^2마다 1개 이상 설치해야 하는가?

① 15
② 25
③ 35
④ 45

해설 **바닥면적**

(단위 : m^2)

부착높이 및 특정소방대상물의 구분		감지기의 종류				
		차동식·보상식 스포트형		정온식 스포트형		
		1종	2종	특종	1종	2종
4m 미만	내화구조	90	70	70	60	20
	기타구조	50	40	40	30	15
4m 이상 8m 미만	내화구조	45	35	35	30	–
	기타구조	30	25	25	15	–

답 ③

62

19.03.문37 15.09.문21 14.09.문69 13.03.문62

다음 중 누전경보기의 주요구성요소로 옳은 것은 어느 것인가?

① 변류기, 감지기, 수신기, 차단기
② 수신기, 음향장치, 변류기, 차단기
③ 발신기, 변류기, 수신기, 음향장치
④ 수신기, 감지기, 증폭기, 음향장치

해설 **누전경보기**의 **구성요소**

구성요소	설 명
영상**변**류기(ZCT)	**누설전류**를 **검출**한다.
수신기	**누설전류**를 **증폭**한다.
음향장치	경보를 발한다.
차단기	차단릴레이 포함

기억법 **변수음차**

※ 소방에서는 변류기(CT)와 영상변류기(ZCT)를 혼용하여 사용한다.

답 ②

63

18.03.문78 16.05.문63 14.03.문71 12.03.문73 11.06.문67 07.03.문78 06.09.문72

비상벨설비 음향장치의 음량은 부착된 음향장치의 중심으로부터 1m 떨어진 위치에서 몇 dB 이상이 되는 것으로 하여야 하는가?

① 90 ② 80
③ 70 ④ 60

해설 **비상경보설비**(비상벨 또는 자동식 사이렌설비)의 **설치기준**(NFPC 201 4조, NFTC 201 2.1)

(1) 음향장치의 음량은 부착된 음향장치의 중심으로부터 **1m** 떨어진 위치에서 **90dB** 이상이 되는 것으로 할 것 보기 ①

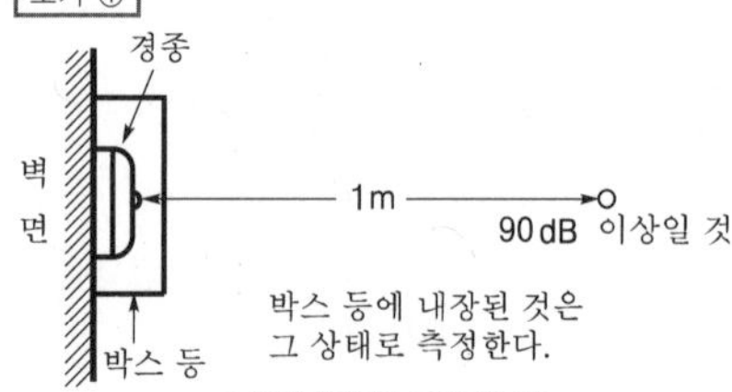

▮음향장치의 음량측정▮

(2) 발신기의 위치표시등은 바닥으로부터 **0.8m 이상 1.5m 이하**의 높이에 설치할 것
(3) 발신기는 각 소방대상물의 각 부분으로부터 **수평거리 25m 이하**가 되도록 할 것
(4) 지구음향장치는 **수평거리 25m** 이하가 되도록 할 것

답 ①

64

18.03.문80 17.09.문48 14.09.문78 14.03.문53

특정소방대상물의 비상방송설비 설치의 면제기준 중 다음 (   ) 안에 알맞은 것은?

> 비상방송설비를 설치하여야 하는 특정소방대상물에 (   ) 또는 비상경보설비와 같은 수준 이상의 음향을 발하는 장치를 부설한 방송설비를 화재안전기준에 적합하게 설치한 경우에는 그 설비의 유효범위에서 설치가 면제된다.

① 자동화재속보설비
② 시각경보기
③ 단독경보형 감지기
④ 자동화재탐지설비

해설 **소방시설법 시행령 〔별표 5〕**
소방시설 면제기준

면제대상	대체설비
스프링클러설비	• **물분무등소화설비**
물분무등소화설비	• **스프링클러설비**
간이스프링클러설비	• 스프링클러설비 • **물분무소화설비** • **미분무소화설비**
비상**경**보설비 또는 **단**독경보형 감지기	• **자동화재탐지설비** 기억법 **탐경단**

비상**경**보설비	• 2개 이상 단독경보형 감지기 연동 기억법 경단2
비상방송설비	• 자동화재탐지설비 보기 ④ • 비상경보설비
연결살수설비	• 스프링클러설비 • 간이스프링클러설비 • 물분무소화설비 • 미분무소화설비
제연설비	• **공기조화설비**
연소방지설비	• 스프링클러설비 • 물분무소화설비 • 미분무소화설비
연결송수관설비	• 옥내소화전설비 • 스프링클러설비 • 간이스프링클러설비 • 연결살수설비
자동화재탐지설비	• 자동화재탐지설비의 기능을 가진 스프링클러설비 • 물분무등소화설비
옥내소화전설비	• 옥외소화전설비 • 미분무소화설비(호스릴방식)

답 ④

★★
65 누전경보기의 기능검사 항목이 아닌 것은?

16.10.문71
15.09.문72

① 단락전압시험
② 절연저항시험
③ 온도특성시험
④ 단락전류 강도시험

해설 **시험항목**

중계기	속보기의 예비전원	누전경보기
• 주위온도시험 • 반복시험 • 방수시험 • 절연저항시험 • 절연내력시험 • 충격전압시험 • 충격시험 • 진동시험 • 습도시험 • 전자파 내성시험	• 충·방전시험 • 안전장치시험	• 전원전압 변동시험 • 온도특성시험 보기 ③ • 과입력 전압시험 • 개폐기의 조작시험 • 반복시험 • 진동시험 • **충**격시험 • 방**수**시험 • **절**연저항시험 보기 ② • **절**연내력시험 • **충**격파 내전압시험 • 단락전류 **강**도시험 보기 ④ 기억법 누수 충수 절충 강

답 ①

★★★
66 무선통신보조설비의 증폭기에는 비상전원이 부착된 것으로 한다면 비상전원의 용량은 무선통신보조설비를 유효하게 몇 분 이상 작동시킬 수 있는 것이어야 하는가?

19.04.문61
17.03.문77
13.06.문72
07.09.문80

① 10분 ② 20분
③ 30분 ④ 40분

해설 **비상전원 용량**

설비의 종류	비상전원 용량
• **자**동화재탐지설비 • 비상**경**보설비 • **자**동화재속보설비	**1**0분 이상
• 유도등 • 비상콘센트설비 • 제연설비 • 물분무소화설비 • 옥내소화전설비(**30층** 미만) • 특별피난계단의 계단실 및 부속실 제연설비(**30층** 미만)	**20분** 이상
• 무선통신보조설비의 **증**폭기	**3**0분 이상 보기 ③
• 옥내소화전설비(30~**49층** 이하) • 특별피난계단의 계단실 및 부속실 제연설비(30~**49층** 이하) • 연결송수관설비(30~**49층** 이하) • 스프링클러설비(30~**49층** 이하)	**40분** 이상
• 유도등·비상조명등(지하상가 및 11층 이상) • 옥내소화전설비(**50층** 이상) • 특별피난계단의 계단실 및 부속실 제연설비(**50층** 이상) • 연결송수관설비(**50층** 이상) • 스프링클러설비(**50층** 이상)	**60분** 이상

기억법 경자비1(**경자**라는 이름은 **비일**비재하다.)
3증(**3중**고)

중요

비상전원의 **종류**

소방시설	비상전원
유도등	축전지
비상콘센트설비	① 자가발전설비 ② 비상전원수전설비 ③ 전기저장장치
옥내소화전설비, 물분무소화설비	① 자가발전설비 ② 축전지설비 ③ 전기저장장치

답 ③

★★★
67 자동화재탐지설비 배선의 설치기준 중 틀린 것은?

21.05.문64
20.08.문76
18.03.문65
17.09.문71
16.10.문74

① 감지기 사이의 회로의 배선은 송배선식으로 할 것
② 감지기회로의 도통시험을 위한 종단저항은 전용함을 설치하는 경우 그 설치높이는 바닥으로부터 1.5m 이내로 할 것
③ 감지기회로 및 부속회로의 전로와 대지 사이 및 배선 상호간의 절연저항은 1경계구역마다 직류 250V의 절연저항측정기를 사용하여 측정한 절연저항이 0.1MΩ 이상이 되도록 할 것
④ 피(P)형 수신기 및 지피(GP)형 수신기의 감지기회로의 배선에 있어서 하나의 공통선에 접속할 수 있는 경계구역은 9개 이하로 할 것

해설

④ 9개 → 7개

P형 수신기 및 GP형 수신기의 감지기회로의 배선에 있어서 하나의 공통선에 접속할 수 있는 경계구역은 **7개** 이하로 할 것

다른문제

경계구역수가 15개라면 공통선수는?

해설 하나의 공통선에 접속할 수 있는 경계구역은 **7개** 이하이므로

$$공통선수 = \frac{경계구역}{7개}$$

$$공통선수 = \frac{15개}{7개} = 2.1 \fallingdotseq 3개(절상한다.)$$

용어

절상
"**소수점을 올린다.**"는 의미이다.

(1) **자동화재탐지설비 배선**의 **설치기준**
㉠ 감지기 사이의 회로배선 : **송배선식** 보기 ①
㉡ P형 수신기 및 GP형 수신기의 감지기 회로의 배선에 있어서 하나의 공통선에 접속할 수 있는 경계구역은 **7개** 이하 보기 ④
㉢ • 감지기 회로의 전로저항 : **50Ω 이하**
  • 감지기에 접속하는 배선전압 : 정격전압의 **80% 이상**
㉣ 자동화재탐지설비의 배선은 다른 전선과 **별도**의 관·덕트·몰드 또는 풀박스 등에 설치할 것(단, **60V** 미만의 약전류회로에 사용하는 전선으로서 각각의 전압이 같을 때는 제외)
㉤ 감지기 회로의 도통시험을 위한 종단저항은 감지기 회로의 끝부분에 설치할 것 보기 ②

(2) **감지기회로**의 **도통시험**을 위한 **종단저항**의 **기준**
㉠ **점검** 및 **관리**가 쉬운 장소에 설치할 것
㉡ 전용함 설치시 **바닥**에서 **1.5m** 이내의 높이에 설치할 것 보기 ②
㉢ 감지기회로의 **끝부분**에 설치하며, 종단감지기에 설치할 경우 구별이 쉽도록 해당 감지기의 기판 및 감지기 외부 등에 별도의 표시를 할 것

용어

도통시험
감지기회로의 단선 유무 확인

(3) **절연저항시험**

절연저항계	절연저항	대 상
직류 250V	**0.1MΩ 이상**	• 1경계구역의 절연저항 보기 ③
직류 500V	5MΩ 이상	• 누전경보기 • 가스누설경보기 • 수신기 • 자동화재속보설비 • 비상경보설비 • 유도등(교류입력측과 외함 간 포함) • 비상조명등(교류입력측과 외함 간 포함)
	20MΩ 이상	• 경종 • 발신기 • 중계기 • 비상콘센트 • 기기의 절연된 선로 간 • 기기의 충전부와 비충전부 간 • 기기의 교류입력측과 외함 간(유도등·비상조명등 제외)
	50MΩ 이상	• 감지기(정온식 감지선형 감지기 제외) • 가스누설경보기(10회로 이상) • 수신기(10회로 이상)
	1000MΩ 이상	• 정온식 감지선형 감지기

답 ④

★★★
68 비상전원이 비상조명등을 60분 이상 유효하게 작동시킬 수 있는 용량으로 하지 않아도 되는 특정소방대상물은?

19.04.문64
17.03.문73
16.03.문73
14.05.문65
14.05.문73
08.03.문77

① 지하상가
② 숙박시설
③ 무창층으로서 용도가 소매시장
④ 지하층을 제외한 층수가 11층 이상의 층

해설

② 해당 없음

비상조명등의 **60분 이상 작동용량**
(1) **11층** 이상(지하층 제외) 보기 ④
(2) 지하층·무창층으로서 **도매시장·소매시장·여객자동차터미널·지하역사·지하상가** 보기 ①③

기억법 **도소여지**

답 ②

69 무선통신보조설비를 설치하여야 할 특정소방대상물의 기준 중 다음 (　　) 안에 알맞은 것은?

18.04.문75 17.09.문79

> 층수가 30층 이상인 것으로서 (　　)층 이상 부분의 모든 층

① 11　② 15
③ 16　④ 20

해설 **소방시설법 시행령 〔별표 4〕**
무선통신보조설비의 설치대상

설치대상	조 건
지하가(터널 제외)	• 연면적 **1000m²** 이상
지하층의 모든 층	• 지하층 바닥면적합계 **3000m²** 이상 • 지하 **3층** 이상이고 지하층 바닥면적합계 **1000m²** 이상
지하가 중 터널길이	• 길이 **500m** 이상
모든 층	• **30층** 이상으로서 **16층** 이상의 부분 보기 ③

답 ③

70 비상벨설비 또는 자동식 사이렌설비에는 그 설비에 대한 감시상태를 몇 시간 지속한 후 유효하게 10분 이상 경보할 수 있는 축전지설비(수신기에 내장하는 경우를 포함)를 설치하여야 하는가?

19.03.문64 16.03.문66 15.09.문67 13.06.문63 10.05.문69

① 1시간　② 2시간
③ 4시간　④ 6시간

해설 **축전지설비 · 자동식 사이렌설비 · 자동화재탐지설비 · 비상방송설비 · 비상벨설비**

감시시간	경보시간
60분(1시간) 이상 보기 ③	**10분** 이상(30층 이상 : **30분**)

기억법 **6감**

답 ①

71 소방시설용 비상전원수전설비의 화재안전기준에 따라 큐비클형의 시설기준으로 틀린 것은?

21.03.문72 20.09.문73 11.03.문79

① 전용큐비클 또는 공용큐비클식으로 설치할 것
② 외함은 건축물의 바닥 등에 견고하게 고정할 것
③ 자연환기구에 따라 충분히 환기할 수 없는 경우에는 환기설비를 설치할 것
④ 공용큐비클식의 소방회로와 일반회로에 사용되는 배선 및 배선용 기기는 난연재료로 구획할 것

해설 ④ 난연재료 → 불연재료

큐비클형의 설치기준(NFPC 602 5조, NFTC 602 2.2.3)

(1) **전용큐비클** 또는 **공용큐비클식**으로 설치 보기 ①
(2) 외함은 두께 **2.3mm** 이상의 **강판**과 이와 동등 이상의 강도와 내화성능이 있는 것으로 제작
(3) 개구부에는 60분+방화문, 60분 방화문 또는 30분 방화문 설치
(4) 외함은 **건축물**의 **바닥** 등에 견고하게 고정할 것 보기 ②
(5) **환**기장치는 다음에 적합하게 설치할 것
㉠ 내부의 **온**도가 상승하지 않도록 **환기장치**를 할 것
㉡ 자연환기구의 **개**구부 면적의 합계는 외함의 한 면에 대하여 해당 면적의 $\frac{1}{3}$ 이하로 할 것. 이 경우 하나의 통기구의 크기는 직경 **10mm** 이상의 **둥근 막대**가 들어가서는 아니 된다.
㉢ 자연환기구에 따라 충분히 환기할 수 없는 경우에는 **환기설비**를 설치할 것 보기 ③
㉣ 환기구에는 **금속망**, **방화댐퍼** 등으로 방화조치를 하고, 옥외에 설치하는 것은 **빗물** 등이 들어가지 않도록 할 것

기억법 **큐환 온개설 망댐빗**

(6) 공용큐비클식의 소방회로와 일반회로에 사용되는 배선 및 배선용 기기는 **불연재료**로 구획할 것 보기 ④

답 ④

72 비상콘센트설비의 화재안전기준에 따라 비상콘센트설비의 전원부와 외함 사이의 절연저항은 전원부와 외함 사이를 500V 절연저항계로 측정할 때 몇 MΩ 이상이어야 하는가?

20.06.문74 19.04.문62 18.09.문72 16.05.문71 12.05.문80

① 20　② 30
③ 40　④ 50

해설 **절연저항시험**

절연저항계	절연저항	대 상
직류 250V	0.1MΩ 이상	1경계구역의 절연저항
직류 500V	**5**MΩ 이상	① **누전경보기** ② 가스누설경보기 ③ 수신기 ④ 자동화재속보설비 ⑤ 비상경보설비 ⑥ 유도등(교류입력측과 외함 간 포함) ⑦ 비상조명등(교류입력측과 외함 간 포함)
	20MΩ 이상	① 경종 ② 발신기 ③ 중계기 ④ **비상콘센트** 보기 ① ⑤ 기기의 절연된 선로 간 ⑥ 기기의 충전부와 비충전부 간 ⑦ 기기의 교류입력측과 외함 간(유도등 · 비상조명등 제외)
	50MΩ 이상	① 감지기(정온식 감지선형 감지기 제외) ② 가스누설경보기(10회로 이상) ③ 수신기(10회로 이상)
	1000MΩ 이상	정온식 감지선형 감지기

기억법 5누(오누이)

답 ①

73 수신기의 형식승인 및 제품검사의 기술기준에 따른 수신기의 종별에 해당하지 않는 것은?

① R형 ② M형
③ P형 ④ GP형

해설 **수신기**의 **종류**

구 분	설 명
P형 수신기 보기 ②	감지기 또는 발신기로부터 발하여지는 신호를 직접 또는 중계기를 통하여 **공통신호**로서 수신하여 화재의 발생을 당해 소방대상물의 관계자에게 경보하여 주는 것
R형 수신기 보기 ①	• 감지기 또는 발신기로부터 발하여진 신호를 직접 또는 중계기를 통하여 **고유신호**로써 수신하여 관계인에게 경보하여 주는 것 • 각종 계기에 이르는 **외부신호선**의 **단선** 및 **단락시험**을 할 수 있는 장치가 있다.
GP형 수신기 보기 ④	**P형** 수신기의 기능과 **가스누설경보기**의 수신부 기능을 겸한 것
GR형 수신기	**R형** 수신기의 기능과 **가스누설경보기**의 수신부 기능을 겸한 것

기억법 R고신

답 ②

74 비상콘센트설비의 성능인증 및 제품검사의 기술기준에 따른 표시등의 구조 및 기능에 대한 내용이다. 다음 ( )에 들어갈 내용으로 옳은 것은?

21.03.문79 20.08.문80

> 적색으로 표시되어야 하며 주위의 밝기가 (㉠)lx 이상인 장소에서 측정하여 앞면으로부터 (㉡)m 떨어진 곳에서 켜진 등이 확실히 식별되어야 한다.

① ㉠ 100, ㉡ 1 ② ㉠ 300, ㉡ 3
③ ㉠ 500, ㉡ 5 ④ ㉠ 1000, ㉡ 10

해설 **비상콘센트설비 부품**의 **구조** 및 **기능**

(1) 배선용 차단기는 KS C 8321(**배선용 차단기**)에 적합할 것
(2) 접속기는 KS C 8305(**배선용 꽂음 접속기**)에 적합할 것
(3) **표시등**의 **구조** 및 **기능**
  ㉠ 전구는 사용전압의 **130%**인 교류전압을 **20시간** 연속하여 가하는 경우 **단선**, **현저한 광속변화**, **흑화**, **전류**의 **저하** 등이 발생하지 아니할 것
  ㉡ 소켓은 접속이 확실하여야 하며 쉽게 전구를 교체할 수 있도록 부착할 것
  ㉢ 전구에는 적당한 **보호커버**를 설치할 것(단, **발광다이오드** 제외)
  ㉣ 적색으로 표시되어야 하며 주위의 밝기가 300 lx 이상인 장소에서 측정하여 앞면으로부터 3m 떨어진 곳에서 켜진 등이 확실히 식별될 것 보기 ②
(4) 단자는 충분한 **전류용량**을 갖는 것으로 하여야 하며 단자의 접속이 정확하고 확실할 것

답 ②

75 유도등 및 유도표지의 화재안전기준에 따라 피난구유도등을 설치하지 않아도 되는 경우로 틀린 것은?

17.03.문76 11.06.문76

① 거실 각 부분으로부터 하나의 출입구에 이르는 보행거리가 20m 이하이고 비상조명등과 유도표지가 설치된 거실의 출입구
② 출입구가 2 이상 있는 거실로서 그 거실 각 부분으로부터 하나의 출입구에 이르는 보행거리가 10m 이하인 경우에는 주된 출입구 2개소 외의 출입구
③ 대각선 길이가 15m 이내인 구획된 실의 출입구
④ 바닥면적이 $1000m^2$ 미만인 층으로서 옥내로부터 직접 지상으로 통하는 출입구(외부 식별이 용이한 경우에 한함)

해설 ② 2 이상 → 3 이상, 10m → 30m

피난구유도등의 **설치 제외 장소**
(1) 옥내에서 직접 지상으로 통하는 출입구(바닥면적 $1000m^2$ 미만 층) 보기 ④
(2) **대각선** 길이가 **15m 이내**인 구획된 실의 출입구 보기 ③
(3) 비상조명등 · 유도표지가 설치된 거실 출입구(거실 각 부분에서 출입구까지의 **보행거리 20m** 이하) 보기 ①
(4) 출입구가 **3 이상**인 거실(거실 각 부분에서 출입구까지의 **보행거리 30m** 이하는 주된 출입구 **2개소 외**의 출입구) 보기 ②

비교

(1) **휴대용 비상조명등**의 **설치 제외 장소** : 복도 · 통로 · 창문 등을 통해 **피**난이 용이한 경우(**지상 1층 · 피난층**)

기억법 휴피(휴지로 피닦아!)

(2) **통로유도등**의 **설치 제외 장소**
  ㉠ 길이 **30m** 미만의 복도 · 통로(구부러지지 않은 복도 · 통로)
  ㉡ 보행거리 **20m** 미만의 복도 · 통로(출입구에 **피난구유도등**이 설치된 복도 · 통로)
(3) **객석유도등**의 **설치 제외 장소**
  ㉠ **채광**이 충분한 객석(**주간**에만 사용)
  ㉡ **통**로유도등이 설치된 객석(거실 각 부분에서 거실 출입구까지의 **보행거리 20m** 이하)

기억법 채객보통(채소는 객관적으로 보통이다.)

답 ②

★★★

76 비상콘센트설비의 화재안전기준에 따라 비상콘센트의 플러그접속기로 사용하여야 하는 것은?

22.09.문79 21.09.문62 19.04.문63 18.04.문61 17.03.문72 16.10.문61 16.05.문76 15.09.문80 14.03.문64 11.10.문67

① 접지형 2극 플러그접속기
② 플랫형 2종 절연 플러그접속기
③ 플랫형 3종 절연 플러그접속기
④ 접지형 3극 플러그접속기

해설 **비상콘센트설비 전원회로의 설치기준**

구 분	전 압	용 량	플러그 접속기
단상 교류	**2**20V	1.5kVA 이상	**접**지형 **2**극 보기 ①

(1) 1전용회로에 설치하는 비상콘센트는 **10**개 이하로 할 것
(2) 풀박스는 **1.6mm** 이상의 **철**판을 사용할 것

기억법 단2(단위), 10콘(시큰둥!), 16철콘, 접2(접이식)

(3) 전기회로는 주배전반에서 **전용**회로로 할 것
(4) 전원으로부터 각 층의 비상콘센트에 분기되는 경우 **분기배선용 차단기**를 보호함 안에 설치할 것
(5) 콘센트마다 **배선용 차단기**(KS C 8321)를 설치하여야 하며, 충전부는 노출되지 아니할 것

답 ①

77 부착높이가 11m인 장소에 적응성 있는 감지기는?

19.04.문78 16.05.문69 15.09.문69 14.05.문66 14.03.문78 12.09.문61

① 차동식 분포형
② 정온식 스포트형
③ 차동식 스포트형
④ 정온식 감지선형

해설 ②, ③, ④ 4m 미만, 4~8m 미만

감지기의 부착높이(NFPC 203 7조, NFTC 203 2.4.1)

부착높이	감지기의 종류
4m **미**만	• **차동식**(**스포트형**, 분포형) • 보상식 스포트형 • **정온식**(**스포트형**, **감지선형**) • 이온화식 또는 광전식(스포트형, 분리형, 공기흡입형) : **연**기감지기 • 열복합형 ┐ • 연기복합형 ├ **열**감지기 • 열연기복합형 ┘ • **불**꽃감지기 기억법 열연불복 4미
4~**8**m **미**만	• **차동식**(**스포트형**, 분포형) ┐ • 보상식 스포트형 │ • **정온식**(**스포트형**, **감지선형**) **특**종 또는 **1**종 ┘ **열**감지기 • **이**온화식 **1**종 또는 **2**종 ┐ • **광**전식(스포트형, 분리형, 공기흡입형) 1종 또는 2종 ┘ 연기감지기 • 열복합형 ┐ • 연기복합형 ├ **복**합형 감지기 • 열연기복합형 ┘ • **불**꽃감지기 기억법 8미열 정특1 이광12 복불
8~**15**m 미만	• 차동식 **분**포형 보기 ① • **이**온화식 **1**종 또는 **2**종 • **광**전식(스포트형, 분리형, 공기흡입형) 1종 또는 2종 • **연**기**복**합형 • **불**꽃감지기 기억법 15분 이광12 연복불
15~**20**m 미만	• **이**온화식 1종 • **광**전식(스포트형, 분리형, 공기흡입형) 1종 • **연**기**복**합형 • **불**꽃감지기 기억법 이광불연복2
20m 이상	• **불**꽃감지기 • **광**전식(분리형, 공기흡입형) 중 **아**날로그방식 기억법 불광아

답 ①

★★★

78 비상방송설비의 화재안전기준에 따라 비상방송설비가 기동장치에 따른 화재신고를 수신한 후 필요한 음량으로 화재발생 상황 및 피난에 유효한 방송이 자동으로 개시될 때까지의 소요시간은 몇 초 이하로 하여야 하는가?

21.05.문66 17.09.문68 17.05.문61

① 5　② 10
③ 20　④ 30

해설 **소요시간**

기 기	시 간
P형·P형 복합식·R형·R형 복합식·GP형·GP형 복합식·GR형·GR형 복합식	5초 이내 (축적형 60초 이내)
중계기	**5**초 이내
비상**방**송설비 →	**10초** 이하 보기 ②
가스누설경보기	**6**0초 이내

기억법 시중5(시중을 드시오!)
1방(일본을 방문하다.)
6가(육체미가 아름답다.)

중요

비상방송설비의 설치기준

(1) 음량조정기를 설치하는 경우 배선은 **3선식**으로 할 것
(2) 확성기의 음성입력은 **실외 3W, 실내 1W** 이상일 것
(3) 조작부의 조작스위치는 **0.8~1.5m** 이하의 높이에 설치할 것
(4) 기동장치에 의한 화재신고를 수신한 후 필요한 음량으로 방송이 개시될 때까지의 소요시간은 **10초** 이하로 할 것

답 ②

79 유도등 및 유도표지의 화재안전기준에 따라 지하층을 제외한 층수가 11층 이상인 특정소방대상물의 유도등의 비상전원을 축전지로 설치한다면 피난층에 이르는 부분의 유도등을 몇 분 이상 유효하게 작동시킬 수 있는 용량으로 하여야 하는가?

20.06.문65
19.04.문61
17.03.문77
13.06.문72
07.09.문80

① 10 ② 20
③ 50 ④ 60

해설 **비상전원 용량**

설비의 종류	비상전원 용량
• 자동화재탐지설비 • 비상경보설비 • 자동화재속보설비	**10분** 이상
• 유도등 • 비상콘센트설비 • 제연설비 • 물분무소화설비 • 옥내소화전설비(**30층** 미만) • 특별피난계단의 계단실 및 부속실 제연설비(**30층** 미만)	**20분** 이상
• 무선통신보조설비의 증폭기	**30분** 이상
• 옥내소화전설비(30~**49층** 이하) • 특별피난계단의 계단실 및 부속실 제연설비(30~**49층** 이하) • 연결송수관설비(30~**49층** 이하) • 스프링클러설비(30~**49층** 이하)	**40분** 이상
• 유도등 · 비상조명등(지하상가 및 **11층** 이상) 보기 ④ • 옥내소화전설비(**50층** 이상) • 특별피난계단의 계단실 및 부속실 제연설비(**50층** 이상) • 연결송수관설비(**50층** 이상) • 스프링클러설비(**50층** 이상)	→ **60분** 이상

기억법 경자비1(경자라는 이름은 비일비재하다.)
3증(3중고)

중요

비상전원의 종류

소방시설	비상전원
유도등	축전지
비상콘센트설비	① 자가발전설비 ② 비상전원수전설비 ③ 전기저장장치
옥내소화전설비, 물분무소화설비	① 자가발전설비 ② 축전지설비 ③ 전기저장장치

답 ④

80 비상콘센트설비의 화재안전기준에 따라 하나의 전용회로에 설치하는 비상콘센트는 몇 개 이하로 하여야 하는가?

21.09.문62
19.04.문63
18.04.문61
17.03.문72
16.10.문61
16.05.문76
15.09.문80
14.03.문64
11.10.문67

① 2
② 3
③ 10
④ 20

해설 **비상콘센트설비 전원회로의 설치기준**

구 분	전 압	용 량	플러그 접속기
단상 교류	220V	1.5kVA 이상	접지형 2극

(1) 1전용회로에 설치하는 비상콘센트는 **10**개 이하로 할 것 보기 ③
(2) 풀박스는 **1.6mm** 이상의 **철**판을 사용할 것

기억법 단2(단위), 10콘(시큰둥!), 16철콘, 접2(접이식)

(3) 전기회로는 주배전반에서 **전용**회로로 할 것
(4) 전원으로부터 각 층의 비상콘센트에 분기되는 경우 **분기배선용 차단기**를 보호함 안에 설치할 것
(5) 콘센트마다 **배선용 차단기**(KS C 8321)를 설치하여야 하며, 충전부는 노출되지 아니할 것

답 ③

VISION 연속 판매1위

교재 및 인강을 통한 합격 수기

"한번에! 빠르게! 합격하기!!"

고졸 인문계 출신 합격!

필기시험을 치르고 실기 책을 펼치는 순간 머리가 하얗게 되더군요. 그래서 어떻게 공부를 해야 하나 인터넷을 뒤적이다가 공하성 교수님 강의가 제일 좋다는 이야기를 듣고 공부를 시작했습니다. 관련학과도 아닌 고졸 인문계 출신인 저도 제대로 이해할 수 있을 정도로 정말 정리가 잘 되어 있더군요. 문제 하나하나 풀어가면서 설명해주시는데 머릿속에 쏙쏙 들어왔습니다. 약 3주간 미친 듯이 문제를 풀고 부족한 부분은 강의를 들었습니다. 그렇게 약 6주간 공부 후 시험결과 실기점수 74점으로 최종 합격하게 되었습니다. 정말 빠른 시간에 합격하게 되어 뿌듯했고 공하성 교수님 강의를 접한 게 정말 잘했다는 생각이 들었습니다. 저도 할 수 있다는 것을 깨닫게 해준 성안당 출판사와 공하성 교수님께 정말 감사의 말씀을 올립니다.

_ 김○건님의 글

시간 단축 및 이해도 높은 강의!

소방은 전공분야가 아닌 관계로 다른 방법의 공부를 필요로 하게 되어 공하성 교수님의 패키지 강의를 수강하게 되었습니다. 전공이든, 비전공이든 학원을 다니거나 동영상강의를 집중적으로 듣고 공부하는 것이 혼자 공부하는 것보다 엄청난 시간적 이점이 있고 이해도도 훨씬 높은 것 같습니다. 주로 공하성 교수님 실기 강의를 3번 이상 반복 수강하고 남는 시간은 노트정리 및 암기하여 실기 역시 높은 점수로 합격을 하였습니다. 처음 기사시험을 준비할 때 '할 수 있을까?'하는 의구심도 들었지만 나이 60세에 새로운 자격증을 하나둘 새로 취득하다 보니 미래에 대한 막연한 두려움도 극복이 되는 것 같습니다.

_ 김○규님의 글

단 한번에 합격!

퇴직 후 진로를 소방감리로 결정하고 먼저 공부를 시작한 친구로부터 공하성 교수님 인강과 교재를 추천받았습니다. 이것이 단 한번에 필기와 실기를 합격한 지름길이었다고 생각합니다. 인강을 듣는 중 공하성 교수님 특유의 기억법과 유사 항목에 대한 정리가 공부에 큰 도움이 되었습니다. 인강 후 공하성 교수님께서 강조한 항목을 중심으로 이론교재로만 암기를 했는데 이때는 처음부터 끝까지 하지 않고 네 과목을 번갈아 가면서 암기를 했습니다. 지루함을 피하기 위함이고 이는 공하성 교수님께서 추천하는 공부법이었습니다. 필기시험을 거뜬히 합격하고 실기시험에 매진하여 시험을 봤는데, 문제가 예상했던 것보다 달라서 당황하기도 했고 그래서 약간의 실수도 있었지만 실기도 한번에 합격을 할 수 있었습니다. 실기시험이 끝나고 바로 성안당의 공하성 교수님 교재로 소방설비기사 전기 공부를 하고 있습니다. 전공이 달라 이해하고 암기하는 데 어려움이 있긴 하지만 반복해서 하면 반드시 합격하리라 확신합니다. 나이가 많은 데도 불구하고 단 한번에 합격하는 데 큰 도움을 준 성안당과 공하성 교수님께 감사드립니다.

_ 최○수님의 글

2024 최신개정판

1개년 과년도 **소방설비기사** 전기❶-1 필기

2024. 1. 3. 초 판 1쇄 인쇄

2024. 1. 10. 초 판 1쇄 발행

지은이 | 공하성

펴낸이 | 이종춘

펴낸곳 | BM ㈜도서출판 성안당

주소 | 04032 서울시 마포구 양화로 127 첨단빌딩 3층(출판기획 R&D 센터)
 10881 경기도 파주시 문발로 112 파주 출판 문화도시(제작 및 물류)

전화 | 02) 3142-0036
 031) 950-6300

팩스 | 031) 955-0510

등록 | 1973. 2. 1. 제406-2005-000046호

출판사 홈페이지 | **www.cyber.co.kr**

ISBN | 978-89-315-2872-5 (13530)

정가 | **9,900원**(해설가리개 포함)

이 책을 만든 사람들

기획 | 최옥현

진행 | 박경희

교정·교열 | 김혜린, 최주연

전산편집 | 전채영

표지 디자인 | 박현정

홍보 | 김계향, 유미나, 정단비, 김주승

국제부 | 이선민, 조혜란

마케팅 | 구본철, 차정욱, 오영일, 나진호, 강호묵

마케팅 지원 | 장상범

제작 | 김유석